Versuche

mit dem

Balistischen Pendel

die Geschwindigkeiten geschossener Körper zu bestimmen,

angestellt

vom

Grafen Benjamin von Rumford.

Nach dessen Philosophical papers

aus dem Englischen übersetzt

durch

Rödlich,

Königl. Preuß. Generalmajor a. D.

Berlin.
Verlag von G. Reimer.
1830.

Einleitung.

Obwol die Übersetzung einer Abhandlung des Grafen von Rumford als etwas Überflüssiges angesehen werden könnte, da dessen sämmtliche Schriften in mehren Sprachen bekannt und fast allgemein verbreitet sind, so scheint doch diese kleine Schrift eine Ausnahme zu machen, da sie bisher nur in den londner **Philosophical transactions** und in des Grafen Rumford **Philosophical papers** abgedruckt ist. Mir wissentlich ist dieselbe bis jetzt noch nicht übersetzt worden. Zwar hat der Professor Terquem in der Vorrede zu seiner Ausgabe der Hutton'schen Versuche (**Nouvelles expériences d'Artillerie. Paris 1826. 4°.**) versprochen, auch des Grafen Rumford ähnliche Versuche französisch bekannt zu machen, es ist aber noch nicht geschehen.

Eine dringendere Aufmunterung, diese Abhandlung allgemeiner bekannt zu machen, habe ich in der Art und Weise gefunden, wie Rumford die darin enthaltenen, für die Artillerie so wichtigen Versuche höchst einfach und mit schlichten Worten ausgeführt hat, wodurch Jeder, der in sich den Beruf fühlt dergleichen wissenschaftliche Experimente anzustellen, und sich etwa von den verhältnißmäßigen Leistungen seiner ihm zu Gebote stehenden Schießgewehre, Stutzen, Pistolen u. s. w., überzeugen will, hierdurch die Anleitung finde, wie solches ohne große Auslagen auszuführen.

Im October 1830.

Der Übersetzer.

Inhalt.

B e r i c h t

von mancherlei Versuchen mit Schießpulver, mit gelegentlich praktischen Folgerungen; und als Anhang die Beschreibung einer neuen Art und Weise, die Geschwindigkeit zu bestimmen, mit welcher Körper durch Pulver fortgetrieben werden, nebst Schilderung einer ganz genauen Vorrichtung, mittelst kleiner Hohlkegel das Schießpulver zu erproben.

Vorgelesen in der königl. Societät zu London. März 1781.

Diese Versuche sind vorzugsweise in der Absicht unternommen worden, um die vortheilhafteste Lage für die Zündlöcher der Feuerwaffen zu bestimmen, die Geschwindigkeit der Kugeln sowol als den Rücklauf der Stücke unter abweichenden Umständen zu messen, desgleichen die Geschwindigkeit der Entzündung des Schießpulvers auszumitteln und dessen Stärke genauer, als bisher geschehen war, zu messen.

Sie wurden im Monat Juli 1778 zu Stoneland-Lodge, einem Landsitze des Lords Georg Germain, begonnen, unter Beihülfe des Herrn Bale, Rectors zu Withyham.

Die Witterung begünstigte unsere Versuche, denn sie war beständig und heiter; der Barometer stand gewöhnlich ziemlich hoch, und die Atmosphäre war für die Jahreszeit gleich und mäßig warm.

Damit alle Versuche soviel möglich unter gleichen Umständen geschähen, wurden alle zwischen 10 Uhr Morgens und 5 Uhr Nachmittags unternommen, und nach jedem Versuche das Rohr mit Werg inwendig so lange gescheuert, bis die Seele völlig rein und glänzend war. Zugleich ließ man einen gleichmäßigen Zeitabschnitt zwischen jedem Abfeuern verstreichen, um dergestalt einen möglichst gleichen Grad von Hitze des Rohres für jeden Versuch zu erlangen.

Beschreibung der Vorrichtung.

Das Rohr zu den Versuchen wurde von Wogdon, dem berühmtesten Büchsenschmied in London, verfertigt, und nichts übertraf die Genauigkeit des Bohrens und die Vollendung des feinen innern Abschleifens. Es ist von dem vortrefflichsten Eisen, nach Robins's Angaben, verfertigt. Ich ließ es in allen Theilen wohl verstärken, um der Gefahr des Zerspringens zuvorzukommen. Gewicht und Maße dieses Rohres sind in der Berechnung der Maße und Gewichte nachgewiesen.

Figur 1 stellt einen Längenschnitt von einem Theile des Rohres vor, und zwar mit der zuerst gemachten Vorrichtung, um das Zündloch von einem Orte der Kammer zu jedem andern zu versetzen, oder vielmehr um den Boden der Kammer weiter fort oder mehr in die Nähe des Zündlochs zu bewegen, damit das Feuer dem Pulver in verschiedenen Theilen der Ladung mitgetheilt werden möchte.

a b stellt den untern Theil des Rohres vor.

c ist die Schwanzschraube, in die eine Öffnung von $\frac{4}{10}$ Zoll im Durchmesser eingebohrt ist, deren Axe mit der Axe der Seele zusammentrifft.

In dieses Loch ist eine 4 Zoll lange Schraube h n eingepaßt. Am Ende n derselben, welches in die Seele tritt, ist der Stempel o p befestigt, welcher mittelst Scheibenbändern von ölgetränktem Leder die Seele genau ausfüllt.

Das Ende des Stempels p, zunächst dem Zündloch, ist von Kupfer und stellt einen beweglichen Boden der Seele dar, welcher bei Drehung der Schraube h n, mittelst der Handhebe m, entweder näher oder weiter von dem feststehenden Zündloche geruckt wird, wodurch das Pulver auf jede beliebige Entfernung von dem Boden der Ladung angezündet wird. Da aber die Länge der Seele durch Verschiebung des Stempels verändert wird, und dadurch Unrichtigkeit und andere Unbequemlichkeiten in Rücksicht der Vorrichtung verursacht wurden, so ward diese beseitigt, und eine andere, siehe Fig. 2., an deren Stelle gesetzt.

a b ist ein Längenschnitt des Laufes wie oben, und c ist die Schwanzschraube, in welche ein kleines Loch durch ihren Mittelpunkt gebohrt ist, das die Schraube f g, welche $\frac{2}{10}$ Zoll in ihrem Durchmesser und 4 Zoll Länge hat, aufnimmt. Diese Schraube ist bei F mit einem kleinen Loche versehen und dient dazu, das Feuer in die Kammer des Laufes zu leiten, so zwar, daß, wenn sie höher in die Röhre getrieben oder zurückgedreht wird, das Feuer verschiedenen Theilen der Ladung mitgetheilt werden kann.

Da aber auch diese Art und Weise nicht ganz genügend gefunden wurde, so ward eine dritte an deren Stelle gesetzt, welche dem Zwecke besser als die vorhergehenden entsprach.

Das Ende der Seele war nun durch eine dauerhafte Schwanzschraube p, Fig. 3., fest abgeschlossen, und 3 Zündlöcher, m n und o, wurden in dem Rohre angebracht, das eine davon, m, dem Boden der Seele gleich, die beiden andern in verschiedenen Entfernungen von demselben.

Zwei dieser Zündlöcher, hier in diesem Falle n und o, wurden durch starke Schrauben geschlossen, in die dritte aber wurde eine hohle Schraube oder eine hohle Windröhre v eingeschraubt, die dazu diente, das Zündpulver zu empfangen und das Feuer in die Seele des Laufes zu dem darin befindlichen Pulver zu leiten.

Manchmal wurde auch von einem längern Zündlochrohre, Fig. 4., Gebrauch gemacht, welches, durch das in der Kammer des Rohres befindliche Pulver durchgehend, unverzüglich das Feuer demjenigen Theile der Ladung, welcher gerade in der Axe der Seele liegt, mittheilt.

Noch eine andere Zünd- oder Feuerröhre wurde gelegentlich gebraucht, die beziehungsweise von obigen beiden abweicht.

Sie dient, um das Feuer der Ladung zuzuführen, und ist so eingerichtet, daß, sobald als das Pulver in der Kammer des Laufes zu brennen anfängt, und das elastische Gas sich zu entwickeln beginnt, sich das Zündloch mittelst einer Klappe fest verschließt, sodaß dadurch das Ausströmen des nun erzeugten Gases gänzlich verhindert wird.

Diese nun werde ich die Zündlochklappe nennen; sie ist in der 5. Fig. im vergrößerten Maßstabe in ihren einzelnen Theilen deutlich vorgestellt.

a b ein Längenschnitt eines kleinen Theiles der vollen Seite des Rohres.

c d die Zündlochsröhre, welche im Wesentlichen völlig der kurzen, gewöhnlich gebrauchten Zündlochsröhre gleich ist, ausgenommen, daß bei derselben das Ende der Zündlochsröhre c, welches in die Kammer führt, in Gestalt des Schalllochs einer Trompete oder eines Trichters erweitert ist

In dieser erweiterten Öffnung ist die Klappe v ganz genau eingepaßt, welche mittelst des Stiftes t, der in Verbindung mit der Klappe steht und oben durch das Feuerloch durchgeht, auch mit der Feder s verbunden ist, wodurch mittelst der Klappe das Zündloch verschlossen wird, indem sie den Stift in seiner Stellung festhält.

Der Stift der Klappe war anfangs cylinderförmig; um jedoch Raum für das Zündpulver zu erhalten, und damit solches zu der Klappe herunterlaufen könne, ward derselbe bis zur Hälfte verjüngt, wie die Abbildung nachweist.

Wenn dieses Zündloch nun mit Pulver versehen worden, so ist der Raum zwischen dem Zündloche und dem Stifte der Klappe mit feinen Pulverkörnern gefüllt, und die Klappe wird sachte geöffnet, indem man mit dem Stifte so lange drückt, bis einige Pulverkörner sich zwischen die Klappe und die Öffnung gedrängt haben, wodurch die Klappe sich wieder zuzuschließen verhindert, und eine kleine Öffnung für den Durchzug der Flamme in die Kammer des Geschützes erlangt wird.

Wenn das Zündpulver angezündet worden, so dringt das Feuer hinunter in das Zugloch, tritt in die Kammer und entzündet die Ladung. Die feinen Pulverkörner nun, die sich zwischen der Klappe und der Öffnung befinden, werden bei dem Durchzuge der Flamme durch das Zündloch zerstört, und die Klappe somit unverzüglich verschlossen, wodurch das Entweichen des Pulvergases, welches in der Kammer der Röhre durch die Entzündung des Pulvers entwickelt worden, verhindert wird.

Der Druck des Gases von innen auf den Stift der Klappe vermehrt dann die Wirkung der Feder, wodurch die tellerförmige Öffnung schneller und wirksamer verschlossen wird.

Die Klappe wurde durch Abreibung mit Schmirgel und durch wechselseitiges Aufeinanderschleifen ganz genau auf die Öffnung gepaßt, sodaß kein Theilchen des Gases bei dieser Zündung zu entweichen vermochte; denn beim Abfeuern des Gewehres ward blos ein einfacher Blitz vom Auffliegen des Zündpulvers, keinesweges aber ein Feuerstrahl aus dem Zündloche ausfahrend erblickt, wie dies bei einem gewöhnlichen Zündloche und in allen Fällen geschieht, wo das Gas einen Ausweg findet.

Die Geschwindigkeit der Kugeln wurde mittelst eines Pendels nach Robins's Erfindung bestimmt.

Der Pendel, dessen ich mich bediente, Fig. 6, ist aus einer runden Platte von geschmiedetem Eisen a zusammengesetzt, 13 Zoll im Durchmesser, und 0,65 eines Zolles dick, an welche eine eiserne Stange (b c), 56,5 Zoll in Länge, 2,6 Zoll in Breite und ½ Zoll in Dicke, dauerhaft befestigt ist, bei welcher der Pendel mittelst zweier Zapfen (d e) am Ende der Stange c und im rechten Winkel zu ihrer Länge aufgehangen ward. Diese Zapfen waren ganz vollkommen gearbeitet und bewegten sich in geglätteten Pfannen, die zur Verminderung der Reibung immer eingeölt wurden, sodaß die Pendelschwingungen ganz frei waren, welches aus der langen Dauer derselben, nachdem der Pendel in Bewegung gesetzt worden, sich ergab.

In der runden Platte des Pendels wurden ebenso cirkelrunde Scheiben von Holz von verschiedener Dicke befestigt, welche im Lauf der Versuche öfters verdorben und wieder ersetzt wurden. Und damit man bei jedem Versuche das Gewicht und die Maße wissen möchte, wurden die Pendel mit Zahlen, mit Bezug auf die verschiedenen Scheiben, welche angewendet wurden, versehen, in Folge dessen das Gewicht und die Maße jedes Pendels am Ende der Beschreibung dieser Vorrichtung in einer Berechnungstafel verzeichnet stehen.

Das Schild des Pendels Nr. 1 war von einem cirkelrunden Stück einer Planke von Rüster- oder Ulmenholz, $3\frac{1}{2}''$ dick, und gleich dem Durchmesser der eisernen Platte des Pendels, an welche es sich befestigt befand. Dieses Schild war jedoch zu dünn und wurde daher schnell verdorben.

Der Pendel Nr. 2 war mit zwei Schilden versehen, welche aus cirkelrunden, beinahe 5″ dicken Stücken von zähem Eichenholz bestanden, an den entgegenstehenden Seiten der Platte des Pendels angebracht und mit starken eisernen Schrauben befestigt, sowie eins mit dem andern durch eiserne Bänder verbunden waren.

So wie das eine dieser Schilder unbrauchbar geworden, wurde der Pendel umgewendet, und von dem andern Gebrauch gemacht.

Dieser Pendel hielt die Proben von Nr. 9 bis zu Nr. 39 aus, während dessen er zerstückt und zu längerem Gebrauch unfähig geworden.

Der Pendel Nr. 3 glich dem von Nr. 2, mit dem einzigen Unterschiede, daß statt der eichenen Bohle Rüsterplanken von 7″ Stärke zu den Schildern gebraucht wurden. Dieser Pendel diente von den Proben Nr. 40 bis zu Nr. 101 einschließlich. Da ich jedoch fand, daß die Schilder von Holz, wennauch aus den zähesten Bohlen gefertigt, bald von den Kugeln in Stücken zerschmettert waren: so ward der Pendel Nr. 4 in anderer Art angefertigt. Anstatt cirkelrunder Plankenstücke wurden nun Baumstücke von Rüsternholze zu den Schildern angewendet, sodaß nun die Kugeln in das Holz nach der Lage der Fibern desselben eindrangen.

Diese Cylinder hatten alle 13″ im Durchmesser und über $5\frac{1}{2}''$ Länge, waren an beiden Enden mit Reifen umgeben, um das Zerreißen zu verhindern, und wurden auf das Dauerhafteste mit der Platte des Pendels, auch einer mit dem andern, durch vier eiserne Reifen verbunden. Dieser Pendel hielt bis zur Beendigung aller Versuche aus. Er ist noch immer im Gange und, wie es scheint, nur wenig unbrauchbar geworden durch die Dienste, die er geleistet hat.

Die Fig. 7 zeigt die beiden Enden des Pendels in großem Maßstabe, mit den Haken, an welchen er aufgehangen wird.

a b ist der Balken des Pendels, zerstückt zu sehen, da der Raum nicht gestattet, dessen ganze Länge auszuzeichnen;

c d sind die Zapfen, an welchen er aufgehangen ward;

e ist die cirkelrunde Platte des Pendels, an welche zwei cirkelrunde Schilde f g mit Schrauben befestigt sind, sowie mittelst eiserner Bänder 1. 2. 3. 4, welche an den Rändern der Schilde angenagelt waren;

h k sind die Haken, welche die Zapfen (c d) des Pendels aufnahmen. Diese Haken waren dauerhaft an den wagerechten Balken R, S befestigt, welcher die ganze Vorrichtung trug, und zwar mittelst dreier Schrauben m n o, welche durch die drei Löcher derjenigen Platte gehen, an der die zwei Haken im Verbande sitzen.

Wenn die Haken an den Balken befestigt wurden, ward zuerst die Mittelschraube n in ihr Loch eingelassen, und es wurde dem Pendel freies Spiel gegeben, um sich selbst in die wahre senkrechte Stellung zu bringen, worauf dann erst die Haken unbeweglich durch die Schrauben m o eingedreht wurden.

Die Sehne des Bogens, welche der Pendel bei jedem Versuche durchlief, ward durch ein Band nach der von Robins erfundenen und beschriebenen Art abgemessen. Das Zurückprallen (Rücklaufen) ward, wie folgt, abgepaßt.

Das Rohr (der Lauf) wurde in einer horizontalen Stellung und zunächst in einer Linie mit dem Mittelpunkte des Schildes aufgehangen, und zwar an zwei dünne Pendelruthen von 64″ Länge, 25,6 Zoll aus einander.

Diese Pendelruthen, welche gleichweit von einander sich auf zwei geglätteten Zapfen um die Axe ihres Aufhängepunktes ungehindert, ebenso wie auf den beiden am Rohre befestigten Schildzapfen, bewegten, bildeten mit dem Rohre vereint einen zusammengesetzten Pendel, sodaß man aus der Dauer der Schwingungen dieses Pendels die Schnelligkeit, mit welcher das Rohr zurückläuft, oder dessen größte Geschwindigkeit bestimmen konnte.

Damit aber die Geschwindigkeit des Zurückprallens nicht zu groß, und nicht vielleicht, wenn starke Ladungen in Anwendung kamen, die ganze Vorrichtung beschädigt würde, hatte ich für nöthig erachtet, den Lauf mit einem Zusatz, an Gewicht von mehr denn 40 Pfund, zu beschweren.

Dieses eiserne Überschußgewicht, welches ich den Stückkarren nennen will, weil es ebenso gestaltet war, um dem Rohre auch als Karre zu dienen, ist zusammengesetzt aus einer Stange Schmiedeeisen von 28″ Länge, 2,6″ Breite und $\frac{1}{2}$″ Dicke.

Dieser Riegel (Stange) war in seiner Längenmitte dergestalt gebogen, daß seine beiden flachen Seiten oder Enden einander parallel gegenüber und ungefähr 2 Zoll weit auseinanderstanden.

In der Mitte dieser Stange, nämlich am Einbug, befindet sich ein Loch in Form eines länglichen Vierecks, welches den Kopf der Schwanzschraube aufnimmt und solchergestalt den untern Theil des Rohres, oder das Schwanzstück, unterstützt. Der andere obere Theil des Rohres wird umschlossen und getragen durch einen eisernen Ring oder Reif, beinahe $\frac{1}{2}$″ dick und 2″ im Durchmesser, der in aufrechter Stellung zwischen den gleichlaufenden Seiten der Stange aufgerichtet und nahe an ihren beiden Endseiten mit Schrauben gut befestigt ist.

Die Röhre (der Lauf) aber, welche durch die Mitte dieses Ringes geht, wird am Kopfende von drei Schrauben gestützt, welche alle in verschiedenen Stellen des Umkreises an dem Ringe gegen dessen Mittelpunkt zusammenlaufen.

Der Karren mit dem Rohre befindet sich nun schwebend an den beiden Pendelruthen, mittelst eines Doppelpaars geglätteter Schildzapfen, welche an der Außenseite des Karrens angebracht sind. Sie befinden sich in horizontaler Linie, senkrecht zu der Seele (Axe) des Röhres, und durch sie gehend.

Figur 8 stellt die Röhre vor, wie solche an der Karre befestigt ist.

a b c die eiserne Stange, von der Seite gesehen, welche den Karren ausmacht.

2. 2. 4. 4. die Schildzapfen, an welchen er hing.

d c das Rohr in seiner richtigen Lage.

p die Schwanzschraube, welche durch ein in der Mitte der Stange befindliches Loch (a b c) geht und den Hintertheil des Rohres (e) unterstützt.

n der Ring, welcher den Vordertheil d des Rohres trägt.

Figur 9 ein senkrechter Durchschnitt durch die Linie 2 2, Fig. 8, und in einer aufrechten Linie zu der Länge des Rohres.

Diese Abbildung soll dazu dienen, die Art zu zeigen, in welcher die Mündung der Röhre eingeschlossen und von dem Ringe n, Fig. 8, getragen ward.

a c die zwei abgeschnittenen Enden der Eisenstange: n der Ring, und

o p die Schrauben, bei welchen er an den beiden gleichlaufenden Seiten der Eisenstange befestigt ist. Die Enden dieser Schrauben bilden zugleich die Schildzapfen in Fig. 8. 2 2.

d der Querschnitt des Rohres, und

r s t die Schrauben, durch welche das Rohr gestützt und im Mittelpunkte des Ringes eingeschlossen ist.

Figur 10 übereinstimmend mit 9, nur in größerem Maßstabe und ohne Bestimmungsbuchstaben.

Figur 11 stellt die beiden Enden von einer der Pendelruthen vor, an welche der Lauf aufgehangen ward, und

Figur 13 dieselben, von der Seite gesehen.

a b die Ruthe, die als abgebrochen erscheint.

c d die Zapfen, an welchen das Rohr aufgehangen ward, und zwar mittelst ein Paar Haken, die an dem wagerechten Balken befestigt sind, von der Art, wie der Pendel, der zum Behufe der Geschwindigkeitsmessung der Kugel diente, aufgehangen wurde.

e f die Haken, welche die Schildzapfen zu tragen haben, die sich an der Karre befinden.

Die Maße jedes Theils dieser Vorrichtung zeigt die Tabelle S. 12 an.

Die Sehne des Bogens, in dem der Lauf im Zurückprallen aufstieg, ward mittelst eines Bandes gemessen, und die Längen dieser Sehnen in Zollen und Decimalbrüchen in den Tabellen vermerkt.

In welcher Art die Geschwindigkeiten des Zurückprallens von der Sehne des Bogens, welchen das Rohr ersteigt, zu berechnen sind, ist zu bekannt, um einer Auseinandersetzung zu bedürfen.

Dann ist ebenso bekannt, daß die Geschwindigkeiten zu einander sich so wie die Sehnen ihrer Bogen verhalten. Daher:

„die Längen dieser Sehnen, sowie solche in den Tabellen nach=

„gewiesen werden, stets so viel betragen als die Geschwindig- „keiten des Zurücklaufs".

Das Pulver, welches zu diesen Versuchen angewandt wurde, ist von der besten, und zwar derjenigen Art, mit welcher große Geschütze in Woolwich erprobt werden. Eine Cartouche von 12 Pfund dieses Pulvers ward mir von dem verstorbenen General Desaguliers geschenkt.

Dieses Pulver ward ungesäumt aus der Patrone in eine gläserne, kurz vorher ganz ausgetrocknete und gereinigte Flasche geschüttet, diese sodann versiegelt und nur beim Gebrauch geöffnet. Bei den angestellten Versuchen wog man den Bedarf in einer äußerst empfindlichen Wage mit der größten Genauigkeit ab, sodaß unter allen Umständen die Abweichung im Gewichte nie mehr als einen Viertelgran betragen konnte.

Die Flasche wurde nur bei schönem Wetter geöffnet, und in einem ganz von Feuchtigkeit befreiten Zimmer, auch nie mehr Pulver ausgewogen, als die Versuche eines Tages erfoderten.

Jede Ladung ward sorgfältig in einer Cartouche vom allerfeinsten Papier verwahrt, dergestalt, daß 1280 Blätter nur 1 Zoll Dicke hatten; eine solche Patrone aber, welche eine halbe Unze Pulver enthalten konnte, wog nicht mehr als drei Viertelgran.

Die Patronen wurden auf hölzernen Cylindern und genau nach dem Inhalt der Röhre angefertigt, die Ecken des Papiers aber mit Pappe von Mehl und Wasser zusammengeklebt.

Wenn eine Patrone gefüllt wurde, schüttelte man das Pulver dicht zusammen, und das Mundstück wurde mit einem feinen Faden zugebunden und verschlossen. Wenn aber eine Patrone gebraucht wurde, ward solche ganz und behutsam mit dem Ladestocke an ihren Ort herabgeschoben und nachher durch das Zündloch mit einer Räumnadel durchstochen; und so wurde das Stück ohne Pulververlust, welcher sonst immer unvermeidlich ist, wenn das Pulver lose in den Lauf gebracht wird, geladen, auch somit immer das ganze Maß vollständig sicher am Boden der Seele oder der Kammer des Laufes gelagert, und die Kugel unmittelbar, ohne Wergstöpsel weder zwischen der Patrone und der Kugel, noch über der Kugel, auf das Pulver gesetzt.

Die Kugeln wurden alle in derselben Form gegossen und konnten daher in ihrem Gewicht höchstens um 2 bis 3 Gran verschieden sein, besonders da ich Sorge trug, die Form bis zu einem angemessenen Grade von Wärme zu erhitzen, bevor ich zu gießen begann.

Wurde z. B. Leder über die Kugel geschlagen, oder von andern als Bleikugeln Gebrauch gemacht, so wurden solche, bevor man sie in den Lauf brachte, genau abgewogen.

Der Durchmesser der Kugeln war durch Ausmessen bestimmt, ebenso wie durch Berechnung ihres Gewichts und der eigenthümlichen Schwere des Erzes, aus welchem solche bestanden. Beide Methoden gaben ziemlich übereinstimmende Maße.

Die Vorrichtung war in einem Wagenschauer aufgerichtet, welcher zu diesem Zwecke trefflich paßte, indem die Querbalken, auf welchen der Oberboden lag, starke und bequeme Träger darboten, um sowol den Pendel als den Lauf anzuhängen; sowie die Wände und Dächer die Vorrichtung gegen Wind, Regen und Thau zu schützen dienten.

Zwei daran befindliche breite Thorflügel blieben noch während der Zeit der Versuche geöffnet, um stets reine Luft im Hause zu erhalten, welche außerdem durch den Pulverdampf verdorben worden wäre und dann leicht nachtheilig auf die Kraftäußerung des Pulvers gewirkt und die Versuche fehlerhaft gemacht hätte.

Um auch ferner gegen die Wirkung dieses Übelstandes gesichert zu bleiben, wurde das Rohr den Thorflügeln so nahe als möglich gebracht, der Pendel aber auf dem Oberboden des Zimmers aufgehangen.

Figur 12 stellt die Vorrichtung im Ganzen dar:

a b den Lauf mit der Karre, hängend bei den Pendelruthen c d;

R das Band, welches dazu dient, den aufsteigenden Bogen des Zurückprallens zu messen;

P den Pendel;

r das Band, welches den Bogen seiner Schwingungen mißt.

Die Entfernung der Mündung des Laufes zu dem Pendel betrug genau 12′.

Tabelle,

aus welcher die Maße und Gewichte aller der vorzüglichsten Theile dieser Vorrichtung zu entnehmen sind.

Von dem Rohr.

Länge . . . . 44,7 Zoll
Bohrlänge von der Mündung bis zur Schwanzschraube 43,45 „
Durchmesser der Bohrhöhlung . . . . 0,78 „
Stärke des Metalls an dem Zündloch . . . . . 0,36 „
Stärke des Metalls an der Mündung . . . . . 0,1 „
Gewicht des Rohres mit der festen Schwanzschraube, den Zündlöcherschrauben und Zündloch . . 6 Pfund 6 Unzen.

Von dem Rohrkarren.

Die Länge . . . . 28,4 Zoll
Entfernung der zwei Schildzapfen . . . . . . 25,6 „
Durchmesser von jedem Schildzapfen . . . . . 0,25 „
Gewicht . . . . 40 Pfund 14 Unzen.

Von den Ruthen, an welchen der Karren aufgehängt wird.

Die Länge von der Axe des Aufhangs oder dem Mittelpunkt der Angel bis zu dem Mittelpunkt der Schildzapfen des Stückkarrens . . . . 64 Zoll
Das Gewicht einer jeden Ruthe . . . . 1 Pfund 4 Unzen
Das Gesammtgewicht des Rohres und dessen Karrens, zusammen mit dem Abzug für das Gewicht der Ruthen, an welchen er aufgehangen ward . . . . 48 Pfund

NB. Dies war das Gewicht von den Versuchen Nr. 3, bis zu den Versuchen Nr. 123 einschließlich.

Von den Kugeln.

Durchmesser . . . . . . 0,75 Zoll
Gewicht in Blei . . . . . 580 Gran.

Von dem Pendel.

Gesammtlänge des Pendels von der Axe seines Aufhängepunktes bis zum Boden der cirkelrunden Platte . . . . 69,5 Zoll
Durchmesser der cirkelrunden Platte, an welche die Schildzapfen befestigt wurden . . . . 13 „
Entfernung zwischen den Köpfen der Angeln (Zapfen) 3,8 „
Durchmesser dieser Zapfen . . . . 0,27 „
Gewicht der Eisentheile des Pendels . . . 47 Pfund 4 Unzen.

Von dem Pendel mit den daran befestigten Scheiben, sowie solcher zu den Versuchen vorgerichtet ward.

	Gesammtlänge bis zum Bande.	Entfernung von der Axe des Aufhängepunktes. zu dem Aufhängependel.	Entfernung von der Axe des Aufhängepunktes. zu d. Mittelpunkt d. Schwingungen.	Gesammtgewicht von Eisen und Holz.	
	Zoll	Zoll	Zoll	Pf.	Unzen
Pendel Nr. 1.	69,25	50,25	58,45	57	0
„ „ 2.	69,5	54,4	59,15	82	4
„ „ 3.	.	55,62	60,23	100	12
„ „ 4.	.	54,6	59,18	88	4

NB. Das Maß ist englisch, das Gewicht gemeines oder Schwer-Gewicht.

Indem ich nun die vorzüglichsten Theile der Vorrichtung genau beschrieben habe, werde ich von den Versuchen Rechenschaft geben.

Weil es aber dienlich seyn möchte, nicht nur die Art zu sehen, wie solche geführt worden, sondern auch deren Erfolg: so werde ich zuerst eine Tafel mit den Versuchen, in strenger Folgeordnung, mit meinen selbstgemachten Bemerkungen aufstellen und nach der Hand alle möglich vorkommenden im Allgemeinen hinzufügen, sodann solche sichten, zusammenstellen und mit einander in der Art vergleichen, wie sie den verschiedenen Absichten ihrer Anwendung am besten entsprechen dürften.

Allgemeine Tabelle der Versuche.

In den ersten zwei Versuchen war das Rohr an einen Karren befestigt, welcher nicht beschrieben worden ist, und der sammt dem Rohre und den Ruthen, an welchen es aufgehangen ward, nur 23½ Pfund wog.

Die Länge des Bohrloches des Rohres . . . . 43,5 Zoll
Das Gewicht der Kugel . . . . 580 Gran.

Der Pendel Nr. 1.

Folgenreihe der Versuche.	Die Pulverladung. Gewicht.	Die Pulverladung. Höhe.	Zündöffnung vom Boden der Ladung.	Sehne des aufsteigenden Bogens des Pendels.	Die Kugel schlug an d. Schild unter d. Axe d. Pendels.	Sehne d. Bogens des Rücklaufes.	Geschwindigkeit der Kugeln.	Bemerkungen.
Nr.	Gran.	Zoll.	Zoll.	Zoll.	Zoll.	Zoll.	Fuß in Secunden.	
1.	208	1,8	0	13,2	64,5	33,5	1267	Erster Tag.
2.	.	.	0,5	14,5	.	36,5	1399	

Indem der Geschützkarren zu leicht befunden, ward der andere oben beschriebene und in der Fig. 8 gezeichnete an dessen Stelle gesetzt.

Reihefolge, der Versuche.	Die Pulverladung. Gewicht.	Höhe.	Zündloch vom Boden d. Ladung.	Sehne des aufsteigenden Bogens des Pendels.	Die Kugel schlug an d. Schild unter d. Axe d. Pendels.	Sehne d. Bogens des Rücklaufes.	Geschwindigkeit der Kugel.	Bemerkungen.
Nr.	Gran.	Zoll.	Zoll.	Zoll.	Zoll.	Zoll.	Fuß in Secunden.	Zweiter Tag.
3.	208	1,8	0	12,6	65	17,8	1213	
4.	.	.	0,5	.	.	18,5	.	Der Pendel wich aus.
5.	.	.	0	.		38,68	.	Vier Kugeln auf einmal abgefeuert.
6.	.	.	0,5	.	.	38,48	.	gleichfalls.
7.	.	.	0	.	.	6,1	.	ohne Kugel.
8.	416	3,6	.	.	.	16,5	.	gleichfalls.
9.	208	1,8	0	8,5	65	17,69	1281	Pendel Nr. 2. sehr schön.
								Dritter Tag.
10.	104	0,9	.	5,2	65,25	10,18	782	
11.	310	2,7	0	9,6	64,6	24,69	1459	
12.	.	.	1,22	10,1	65	24,95	1527	Das Pulver ward durch die langen Röhren des Zündloches entzündet (s. Fig. 4.).
13.	.	.	2,65	11,85	64,75	24,9	1801	
14.	.	.	.	10,9	65,25	.	1646	
15.	330	2,9	2,65	10,9	61,5	26,2	1748	
16.	.	.	.	13,25	63,5	.	2060	
17.	330	2,7	2,65	.	.	12,7	.	Der Lauf stark erhitzt.
18.	.	2,9	0	10,4	63,5	26,3	1619	
19.	.	.	.	.	63	26,4	1633	
20.	165	1,45	0	6,8	62,2	14,73	1084	
21.	.	.	.	6,85	.	14,2	1093	
22.	.	.	1,32	6,7	.	14,8	1071	
23.	.	.	.	6,3	60,6	14,58	1035	Es ward von der kurzen Zündpfeife (v. Fig. 3.) Gebrauch gemacht.
24.	.	.	.	7,5	61,5	14,68	1142	

Um bestimmen zu können, wie viel von der Kraft des Pulvers durch die Windungen und das Zündloch verloren gehe, wurde geöltes Leder um die Kugel geschlagen, sodaß solche nun ganz genau in die Höhlung des Laufes paßte; ebenso ward in den fünf Versuchen von Nr. 35 bis zu Nr. 39 einschließlich von dem Klappenzündloche Gebrauch gemacht.

Das Gewicht der Kugel mit dem Leder, in welches solche gewickelt, betrug 603 Gran.

Folgenreihe der Versuche.	Die Pulverladung.		Zündloch vor dem Boden d. Ladung.	Sehne des aufsteigenden Bogens des Pendels.	Die Kugel schlug in d. Schild unter d. Axe d. Pendels.	Sehne d. Bogens des Rücklaufes.	Geschwindigkeit der Kugel.	Bemerkungen.
	Gewicht.	Höhe.						
Nr.	Gran.	Zoll.	Zoll.	Zoll.	Zoll.	Zoll.	Fuß in Secunden.	
25.	165	1,45	0	6,8	65	14,95	1004	
26.	.	.	.	7,8	.	15,6	1153	
27.	.	.	.	8,05	.	16,15	1192	Vierter Tag.
28.	330	2,9	.	10,2	63	26	1559	
29.	.	.	2,6		64	28,1	1536	
30.	165	3,2	2	5,9	62,4	23,2	914	
31.	.	1,45	1,3	6,65	62,6	15,15	1027	

Es ward gefunden, daß der Blitz (der Luftstoß) des Pulvers immer fast so weit reichte als der Pendel, wenn starke Ladungen angewendet wurden, und da man vermuthete, daß dieser Umstand zusammen mit dem Nachwirken der unentzündeten Pulverkörner größtentheils die ersichtliche Unregelmäßigkeit der Kugelgeschwindigkeiten veranlassen möchte, so ward, um diesem Übelstande zu begegnen, ein großer Bogen Papier von ziemlicher Dicke über einen hölzernen viereckichten Rahmen gespannt und als Schirm vor den Pendel gestellt, ungefähr in der Entfernung von 2 Fuß von der Oberfläche des Schildes.

Zwei Rücksichten veranlaßten mich, diese Methode, um dem Drucke der Flamme auf den Pendel vorzubeugen, vorzugsweise vor der bequemeren, den Pendel von der Mündung des Rohres zu entfernen, in Anwendung zu bringen; zuerst um die Entfernung zwischen dem Rohre und dem Pendel nicht unnöthig zu vergrößern, damit nicht zuletzt noch der Widerstand der Luft die Geschwindigkeit der Kugeln hemme, und zweitens weil die Länge des Hauses keine größere Entfernung gestattete, und ich nicht gern einen Theil der Vorrichtung der freien Luft aussetzen wollte.

Dieser Schirm entsprach vollkommen der Absicht, für welche er bestimmt war, und wurde für den Rest der Versuche beibehalten, indem man das Papier bei jedem dritten oder vierten Versuche erneuerte.

Folgenreihe der Versuche.	Die Pulverladung: Gewicht.	Die Pulverladung: Höhe.	Zündloch von dem Boden d. Ladung.	Sehne des aufsteigenden Bogens des Pendels.	Kugeln, die den Schild unter der Axe des Pendels trafen.	Sehne d. Bogens des Rücklaufes.	Geschwindigkeit der Kugeln.	Bemerkungen.
Nr.	Gran.	Zoll.	Zoll.	Zoll.	Zoll.	Zoll.	Fuß in Secunden.	
32.	165	1,45	0	5,45	63	15,45	839	Ohne Ledereinschlag; Gewicht d Kugel und Werg 603 Gr. Im 32. Vers. nicht weniger als 40 unentz. Pulverkörner durch den Schirm getrieben.
33.	.	.	.			12,65	839	
34.	.	.	.	7,9	.	15,45	1217	In diesen 6 Vers. waren die Kugeln in Leder geschlagen, u. d. Pulver an dem Klappenzündloch angebrannt. Der Pendel Nr. 2. verdorben.
35.	.	.	.	7	60,25	15,25	1129	
36.	.	.	.	7,4	62	16,3	1161	
37.	.	.	1,3	8	61	17,9	1277	
38.	290	2,6	2,6	9	58,6	23,5	1497	
39.	.	.	.	.	.	24,8	.	

Die Kugeln wurden nun ungepflastert in das Rohr gebracht, und das Pulver durch die kurze Zündpfeife (s. die 3. Fig.) angezündet; auch ward manche kleine Verbesserung in den Stahlzacken angebracht, zwischen welchen die Bänder, die bestimmt sind, um daran den aufsteigenden Bogen des Pendels sowie des Rücklaufes abzumessen, durchgehen, durch welches Mittel die Reibung vermindert, und die Bänder verhindert wurden, sich zusammenzudrehen, oder sich, wenn sie heraufgezogen wurden, zu verwickeln.

Vorrichtung.

Das Rohr mit seiner Karre wie zuvor.

Der Pendel Nr. 3. und Bleikugeln, jede im Gewicht von 580 Gran.

Folgenreihe der Versuche.	Die Pulverladung. Gewicht.	Höhe.	Zündloch von dem Boden d. Ladung.	Sehne des aufsteigenden Bogens des Pendels.	Kugeln, die in das Schild unter der Axe des Pendels einschlugen.	Sehne d. Bogens des Rücklaufes.	Geschwindigkeit der Kugeln.	Bemerkungen. Fünfter Tag.
Nr.	Gran.	Zoll.	Zoll.	Zoll.	Zoll.	Zoll.	Fuß in Secund.	
40.	218	1,9	.	6,45	64,6	18	1236	Mittlere Geschwindigkeit bei d. Versuchen und Nr. 47 1225.
41.	.	.	.	6,31	65,3	17,71	1197	
42.	.	.	.	6,45	65	17,91	1230	
43.	.	.	1,3	6,5	64,6	18,3	1248	Mittelgeschwindigkeit 1276.
44.	.	.	.	6,75	64,5	18,35	1299	
45.	.	.	.	6,6	64,9	.	1265	
46.	.	.	.	6,4	61,6	.	1293	
47.	.	.	.	6,3	62	18,1	1266	
48.	290	2,6	.	7,2	63,5	22,58	1414	Mittelgeschwindigkeit 1427.
49.	.	.	.	7,4	.	22,92	1455	
50.	.	.	.	7,3	64,6	22,38	1412	
51.	290	2,6	1,3	7,4	63	23,21	1476	Mittelgeschwindigkeit 1493.
52.	.	.	.	7,6	64	23,76	1520	
53.	.	.	.	7,25	61	23,6	1483	
54.	.	.	2,6	7,5	62,3	.	1502	Mittelgeschwindigkeit 1460.
55.	.	.	.	7,4	64	23,26	1450	
56.	.	.	.	7,1	62,2	.	1433	
57.	.	.	.	7,4	64	23,26	1454	
58.	.	.	.	1,31	.	11,12	.	In diesen 4 Vers. ward mit Pulver allein geschossen, und der Schirm vor dem Pendel war weggenommen.
59.	.	.	.	1,2	.	11,62	.	
60.	.	.	.	1,16	.	9,62	.	
61.	.	.	1,3	,6	.	11,33	.	

Folgenreihe der Versuche.	Die Pulverladung Gewicht.	Die Pulverladung Höhe.	Zündloch von dem Boden d. Ladung.	Sehne des aufsteigenden Bogens des Pendels.	Kugeln, welche in das Schild unter d. Axe d. Pendels einschlugen.	Sehne d. Bogens des Rücklaufes.	Geschwindigkeit der Kugeln.	Bemerkungen. Sechster Tag.
Nr.	Gran	Zoll.	Zoll.	Zoll.	Zoll.	Zoll.	Fuß in Secund.	
62.	830	2,9	1,3	8	63	26,4	1599	Mittelgeschwindigkeit 1625.
63.	.	.	.	8,5	65	.	1652	
64.	.	.	2,6	7,2	59,5	25,3	1562	Mittelgeschwindigkeit 1528.
65.	.	.	.	7,7	65	.	1495	
66.	.	.	0	8,4	.	26,35	1633	Mittelgeschwindigkeit 1594.
67.	.	.	.	8	.	25,8	1556	
68.	218	1,9	0	6,82	64	19,56	1349	Das Pulver ward sehr hart angesetzt.
69.	.	.	.	6,6	64,6	18,2	1294	Noch fester.
70.	.	.	.	6,85	.	19,12	1345	So hart wie in Nr. 68.
71.	.	.	1,3	5,5	.	16,33	1080	Ebenso.
72.	.	.	0	.	.	8,72	.	Dienstpulver, keine Kugeln.
73.	.	.	.	.	.	8,44	.	Bestes Doppelkriegspulver.
74.	.	.	1,3	.	.	8,47	.	Dienstpulver.
75.	.	.	.	.	.	9,3	.	Doppelkriegspulver.

Die folgenden Versuche Nr. 78, 79, 80 und 81 sind in der Absicht gemacht worden, um zu entdecken, auf welchem Wege die Kraft des Schießpulvers zu erhöhen seyn möchte. Zwanzig Gran von den Beständen, welche in den angefügten Bemerkungen benannt sind, wurden bei jedem Versuche auf das innigste mit dem Pulver, woraus die Ladung bestand, vermengt. In dem 82sten Versuche ward ein großer Pfropf von Werg, durch und durch in Terpentinäther getränkt, unmittelbar auf die Kugel im Laufe gebracht, auch im 83sten Versuche eine Vorladung von Werg, in Alkohol gesättigt, auf gleiche Art in den Lauf gebracht.

2 *

Folgenreihe der Versuche.	Die Pulverladung Gewicht.	Die Pulverladung Höhe.	Zündloch von dem Boden d. Ladung.	Sehne des aufsteigenden Bogens des Pendels.	Kugeln, die das Schild unter der Axe des Pendels trafen.	Sehne d. Bogens des Rücklaufes.	Geschwindigkeit der Kugeln.	Bemerkungen. Siebenter Tag.
Nr	Gran	Zoll.	Zoll.	Zoll.	Zoll.	Zoll.	Fuß in Secund.	
76.	145	1,3	0	5,3	65	13,25	1037	Mittelgeschwindigkeit 1040.
77.	.	.	.	.	64,6	13,25	1044	
78.	.	.	.	3,2	.	8,92	.	20 Gran bestes Laugenweinsteinsalz.
79.	.	.	.	4,35	.	11,68	.	20 Gran mineralischer Todtenkopf.
80.	.	.	.	3,3	63,6	9,83	.	20 Gr. Salmiak
81.	.	.	.	4,2	63,4	11,45	.	20 Gr. feiner Metallstaub.
82.	.	.	.	.	.	15,25	.	Die Schrauben, welche die Haken, woran d. Pendel hing, festhielten, gaben nach, u. d. Pendel fiel herab
83.	.	.	.	.	.	14,35	.	

In den neun folgenden Versuchen, nämlich von 84 bis 92 einschließlich, wurde von einem Klappenzündloche Gebrauch gemacht, und die Kugeln durch geöltes Leder genau für den Lauf abgepaßt, dasselbe aber so fest umwickelt, daß bei jedem Versuche das Leder mit der Kugel in das Schild eindrang.

In dem Versuche Nr. 85 bediente man sich einer hölzernen Kugel. Die bei Nr. 86 und 87, wurden in folgender Art verfertigt. Es ward eine kleine Kugel, von Gyps, welche durch und durch getrocknet und im Feuer wohl erwärmt, gemodelt; in dem Mittelpunkte der Kugelform des Modells (in welchem alle Bleikugeln für diese Versuche gegossen wurden) gut befestigt; sodann in diese Form geschmolzenes Blei gegossen, so daß der Raum, welcher die kleine Gypskugel umgab, ganz ausgefüllt wurde, und dadurch eine Kugel entstand, die dem Ansehn nach ein ganz fester Körper schien, aber viel leichter als eine Bleikugel von demselben Umfange war. In den Versuchen Nr. 88 und 89 wurden feste Bleikugeln angewendet. Bei dem 90. Versuche wurden 2 Kugeln auf einmal abgeschossen; bei dem 91. aber 3 und bei dem 92. 4 verladen.

In jedem dieser Versuche ward ein frisches Blatt Papier als Schirm vor den Pendel gebracht, damit die Geschwindigkeit der Kugeln mit größerer Genauigkeiten gemessen, ebenso auch die Menge der nicht entzündeten Pulverkörner genauer abgeschätzt werden konnte.

Folgenreihe der Versuche.	Die Pulverladung. Gewicht.	Die Pulverladung. Höhe.	Zündloch von dem Boden d. Ladung.	Gewicht der Kugel.	Sehne des aufsteigenden Bogens des Pendels.	Kugeln, die in das Schild unter der Axe des Pendels einschlugen.	Sehne d. Bogens des Rücklaufes.	Geschwindigkeit der Kugeln.	Bemerkungen. Achter Tag.
Nr.	Gran.	Zoll.	Zoll.	Gr.	Zoll.	Zoll.	Zoll.	Fuß in Secund.	
84.	145	1,3	0	.	.	.	4,5	.	In jedem der 4 Versuche waren 50 bis 70 Körner oder unentzündete Pulvertheilchen durch den Schirm getrieben.
85.	.	.	.	90	1,33	62,2	7,16	1763	
86.	.	.	.	251	2,82	63,2	9,62	1317	
87.	.	.	.	354	3,32	61,2	11,3	1136	
88.	.	.	.	600	6,5	65,4	15,22	1229	Nur wenige Pulverkörner schlugen durch den Schirm.
89.	.	.	.	603	6,3	64,6	15,13	1229	
90.	.	.	.	1184	10,12	65	21,92	978	Es war keine Spur von irgend einem nicht entzündeten Pulverkorne an dem Schirme zu sehen.
91.	.	.	.	1754	13,65	63,4	27,18	916	
92.	.	.	.	2352	16,55	63,3	32,25	833	

Folgenreihe der Versuche.	Die Pulverladung.		Zündloch von dem Boden d. Ladung.	Sehne des aufsteigenden Bogens des Pendels.	Sehne d. Bogens des Rücklaufes.	Bemerkungen.
	Gewicht.	Höhe.				
Nr.	Gran.	Zoll.	Zoll.	Zoll.	Zoll.	
93.	145	1,3	0	.	4,3	
94.	165	1,45	.	.	5,5	
95.	.	.	.	.	5,6	
96.	290	2,6	.	.	11,70	
97.	437½	3,9	.	1,68	17,5	Der Schirm ward weggenommen.
98.	.	.	.	6,7	15,88	Die ganze Oberfläche des Schildes war mit unentzündeten Körnern bespickt.
99.	.	.	.		17,9	Der Pendel nicht beachtet.

In den folgenden Versuchen Nr. 100 und 101 wurden die Kugeln nicht in den Lauf heruntergebracht, sondern sie wurden durch drei Drähte getragen, die, an das Ende des Rohres befestigt, darüber hinausreichten und die Kugel in einer solchen Lage erhielten, daß ihr Mittelpunkt mit der Axe des Laufes in einer Richtung, und ihr Hintertheil den zwanzigsten Theil eines Zolles außerhalb oder von der Mündung des Rohres abstand.

In dem 102. Versuche ward die Kugel nur eben so weit in den Lauf gesteckt, daß beinahe ihre Halbscheid außerhalb desselben befindlich war.

Folgenreihe der Versuche.	Die Pulverladung Gewicht.	Höhe.	Zündloch von dem Boden d. Ladung.	Sehne des aufsteigenden Bogens des Pendels.	Kugeln, die in das Schild unter der Axe des Pendels einschlugen.	Sehne d. Bogens des Rücklaufes.	Geschwindigkeit der Kugeln.	Bemerkungen.
Nr.	Gr.	Zoll.	Zoll.	Zoll.	Zoll.	Zoll.	Fuß in Secund.	
100.	165	1,45	0	0,65	60,5	4,9	138	In jedem dieser Versuche wurde beinahe ein Zehntheil der Kugelmasse geschmolzen und von der Heftigkeit der Flamme fortgetrieben.
101.	.	.	.	,43	ungewiß	4,8	92	
102.	.	.	.	,86	63	5,6	180	

Derjenige Theil der Kugel, welcher gegen das Rohr zu lag, erschien ganz platt durch den Verlust der Masse, welchen sie erlitten, und ihre Oberfläche war voller Einschnitte, die wahrscheinlich durch die nicht entzündeten Pulverkörner, die an sie anschlugen, entstanden sein mögen. Die folgenden Versuche sind mit dem Pendel Nr. 4 gemacht. Die übrige Vorrichtung war der früheren gleich.

Folgenreihe der Versuche.	Die Pulverladung: Gewicht.	Die Pulverladung: Höhe.	Zündloch von dem Boden d. Ladung.	Sehne d. aufsteigenden Bogens des Pendels.	Kugeln, die in das Schild unter der Axe des Pendels einschlugen.	Sehne d. Bogens des Rücklaufes.	Geschwindigkeit der Kugeln.	Bemerkungen.
Nr.	Gr.	Zoll.	Zoll.	Zoll.	Zoll.	Zoll.	Fuß in Secund.	
103.	104	,9	.	4,51	65	10,6	732	Ueber 40 Pulverkörner wurden durch den Schirm getrieben.
104.	145	1,3	.	5,4	.	12,92	877	Ueber 40 Körner unentzündet.
105.	.	.	.	5,6	.	13,28	9.0	Mittl. Geschwindigkeit 894. 40 unentzündete Körner.
106.	.	1,14	.	6,18	65,8	14,3	990	2fach geprobtes battlepulver; 1 Gr. unentzündet.
107.	218	1,8	.	8,48	65	19,68	1380	Eben so.
108.	290	2,6	.	9,45	65,6	23,9	1526	Dienstpulver, Kugel mit Leder, Gewicht 602 Gr.
109.	.	.	.	8,73	65,2	22,8	1419	Ungepflast. Kugel, wenig unentzündete Körner. Mittelgeschwindigkeit 1444.
110.	.	.	.	9,3	65,6	23,4	1460	
111.	.	.	.	.	.	.	1462	
112.	.	.	.	8,85	65,5	22,94	1436	
113.	.	.	2,6	8,65	64,0	23,70	1438	Mittelgeschwindigkeit 1413.
114.	.	.	.	8.5	63,6	24,1	1423	
115.	.	.	.	8,4	65,0	23,8	1378	
116.	.	2,28	.	9,15	64	24,6	1525	Dopp. geprobtes battlepulver.
117.	437½	3,9	.	10,56	64,9	33,0	1738	Dienstpulver. Kein unentz. Korn durch den Schirm. Mittl. Geschw. 1764.
118	.	.	.	11	64.5	33,3	1824	
119.	.	.	.	10,5	65,0	33,6	1729	
120.	.	.	2,6	10,35	.	32,5	1706	Mittelgeschwindigkeit 1751.
121	.	.	.	10,65	.	33,2	1757	
122.	.	.	.	10,6	63,6	32,9	1789	
123.	.	.	0	.	.	17,9	.	Ohne Kugel.

Von der hier angewandten Art, die Geschwindigkeit der Kugeln zu berechnen.

Da die Art, die Geschwindigkeit der Kugeln durch den Bogen der Schwingungen des Pendels, in welchem er eingeschossen ist, zu berechnen, für wohlbekannt angenommen werden kann, so werde ich hier nur die Lehrsätze einiger Schriftsteller anführen und nur etwas ausführlicher mich über Robins's neue Lehrsätze der Geschützkunde verbreiten, mit Bezugsnahme auf Euler's Bemerkungen darüber und Hutton's Aufsatz über diesen Gegenstand, welche in den Verhandlungen der königl. Gesellschaft vom J. 1778 enthalten sind.

Wenn a die Länge von der Axe des Pendels zu dem Bande bedeutet, welches die Sehne des Bogens bei dessen Schwingungen abmißt;

g die Entfernung des Schwerpunkts vom Aufhängepunkte;
f die Entfernung von dem Mittelpunkte des Schwunges, und
h die Entfernung des Punktes, wo die Kugel getroffen, von der Axe;
c die Sehne des aufsteigenden Bogens des Pendels;
P das Gewicht des Pendels;
b das Gewicht der Kugel, und
v die uranfängliche Geschwindigkeit der Kugel:

so ist $v = \frac{c}{a} \times \frac{P\,g}{b\,h} + \frac{h}{f} \times \frac{f}{\sqrt{2h}}$ ein Lehrsatz, durch welchen die Geschwindigkeit der Kugeln nach Robins gefunden wird.

*) $v = \frac{c}{a} \times \frac{P\,g}{b\,h} + \frac{f+h}{2f} \times \sqrt{\frac{f}{2}}$ ist ein Lehrsatz von Euler, welcher einen unbedeutenden Fehler in dem von Robins verbessert hat; sowie $v = 5{,}672\ c\,g\ \sqrt{f} \times \frac{P+b}{b\,h\,a}$ Hutton's Lehrsatz, wel-

---

*) Setze die Rationaltheile $\frac{c}{a} \times \frac{P\,g}{b\,h} + \frac{f+h}{2f} = n$, und drücke f in Tausendtheilen eines rheinländischen Fußes aus, so wird die Geschwindigkeit, mit welcher die Kugel in den Pendel schlägt, folgende sein: $= \frac{n}{4} \sqrt{\frac{f}{2}}$ rheinländischen Fußen in einer Secunde.

cher völlig genau ist und weit einfacher und fördernder als jene beiden. Hier ist zu bemerken, daß g, h und c in jedem Maße ausgedrückt werden kann; f aber muß in englischen Fußen genommen werden.

Die Geschwindigkeiten wurden in den meisten vorhergegangenen Versuchen nach Euler berechnet, indem ich damals Hutton's Schriften noch nicht kannte; bei wiederholter Berechnung verfuhr ich nach des Letztern Methode und erhielt nach Beiden fast gleiche Resultate. Bei diesen Berechnungen wurde eine angemessene Zugabe für die in den Pendel eingeschlagenen Kugeln, sowie für den Verlust der Geschwindigkeit, welche die Kugel beim Durchschlagen des papiernen Schirms erlitt, angenommen.

Die Berichtigungen, welche die im Pendel steckenbleibenden Kugeln erfodern, wurden in folgender Art gemacht: b wurde immer zu dem Werthe von P hinzugerechnet; $\frac{h-g}{P} \times b$ zu dem Werthe von g, und $\frac{f-h}{P} \times b$ ... zu dem Werthe von f.

Von dem Raume, welchen die verschiedenen Pulverladungen einnahmen.

Die Höhen der Pulverladungen, oder die Länge der Räume, welche sie im Laufe einnahmen, wurden durch Aus- oder Abmessungen bestimmt, und zur Erhöhung der Genauigkeit wurden auf den Ladestöcken Zolle und Zehntheile vom Zolle bezeichnet, und die Ladungen so lange vorsichtig hineingetrieben, bis solche bei jedem Versuche den gleichen Raum einnahmen.

Die folgende Tabelle zeigt die Höhen der Ladungen, sowie solche durch Abmessen bestimmt wurden, ebenso wie ihre Höhen von dem Durchmesser der Seele des Rohres und der eigenthümlichen Schwere des dazu gebrauchten Pulvers berechnet.

Bei einem Versuche, von welchem ich später Rechenschaft geben werde, fand ich, daß die eigenthümliche Schwere dieses Pulvers, wohl zusammengerüttelt, sich zu Regenwasser verhalte wie 0,937 zu 1,000.

Gewicht des Pulvers.	Höhe der Ladung.	
	Gemessen.	Berechnet.
Gran.	Zoll.	Zoll.
104	,9	0,8957
145	1,3	1,2490
165	1,45	1,4211
208	1,8	1,7914
218	1,9	1,8775
290	2,6	2,4980
310	2,7	2,6700
330	2,9	2,8422
416	3,6	3,5828
437½	3,9	3,7680

In dem dreißigsten Versuche ward die Ladung in eine um so viel gegen die Öffnung des Rohres engere Patrone gethan, damit die Ladung, welche sonst 1,45 Zoll einnahm, bis auf 3,2 Zoll verlängert werden möchte. Bei dieser Eintheilung des Pulvers schien dessen Wirkung auf die Kugel stark vermindert zu sein.

Von den Wirkungen, welche die Hitze, die in den Geschützen während des Feuerns entsteht, auf die Pulverkraft hervorbringt.

Es ist höchst wahrscheinlich, daß das Übermaß der Geschwindigkeit der Kugel beim zweiten Versuche gegen den ersten mehr durch die Erhitzung, welche das Rohr bei dem ersten Versuche erlitt, als durch die Lage des Zündloches oder irgend einen andern Umstand hervorgebracht worden sei; denn ich habe seitdem bei wiederholten Versuchen gefunden, daß die Kraft bei jeder gegebenen Pulverladung sich bedeutend stärker äußert, wenn solche in einem kurz zuvor durch Feuern oder durch andere Mittel erhitzten Rohr entzündet wird, als wenn das Rohr nicht erhitzt war.

Jedermann, der mit der Geschützwissenschaft bekannt ist, wird wissen, daß der Rücklauf des Stückes weit heftiger nach der zweiten oder dritten Entladung als nach der ersten erfolgt. Am Bord von Schiffen, woselbst man sorgfältig den Rücklauf der Stücke in

Acht nehmen muß, um üblen Folgen vorzubeugen, hat man stets darauf Bedacht genommen, die Pulverladungen nach den ersten vier oder fünf Rundfeuern zu verringern; so z. B. wurden die englischen 32 Pfünder zu Anfange des Gefechts mit 14 Pfund Pulver geladen, diese Ladung aber sehr bald auf 11 Pfund, und etwas später gar bis auf 9 Pfund vermindert, und danach auch die gefüllten Patronen eingerichtet. Es scheint, daß das Pulver bei dem vierten Versuche (eigentlich dem zweiten des am zweiten Tage gemachten) eine größere Wirkung als bei dem dritten Versuche (eigentlich dem ersten des zweiten Tages) hervorgebracht habe; da aber der Pendel nachgab oder aus der Richtung fiel, so war es nicht möglich, die Geschwindigkeit der Kugel in derselben Art wie in den zwei oben mitgetheilten Versuchen zu berechnen.

Die Zunahme der Kraft des Pulvers, wenn solches aus einem erhitzten Rohre gefeuert wird, mag folgender Art zu erklären sein. Es gibt nämlich keinen uns bekannten Körper, welcher nicht zuvor erhitzt werden muß, ehe er brennen soll; daher ist auch Schießpulver nicht entzündbar, so lange es kalt bleibt.

Viele Funken und glühende Sternchen von Feuerstein sieht man oft flimmern, wenn eine Flinte abgefeuert wird, ohne das Pulver zu entzünden — sowie man einzelne Pulverkörner durch die Flamme eines Lichtes jagen kann, ohne daß sie Feuer fangen —; aber überraschend wird es erscheinen, daß man große Pulverkörner von einer Höhe von 2 bis 3 Fuß auf eine rothglühende Eisenplatte, welche mit dem Fußboden in einen Winkel von 45 Grad gelegt sein muß, herabfallen lassen kann, und daß solche zurückprallen, ohne zu verbrennen oder im geringsten verändert zu werden.

In allen solchen Fällen ist das Feuer zu schwach, oder dessen Einwirkung ist nicht dauernd genug, um das Pulver bis zur Entzündung zu erhitzen.

Indem nun Schießpulver ebenso wie alle andere Körper die Hitze nur stufenweise annimmt, und hierzu ein gewisser Zeitabschnitt erfodert wird, so ergibt sich daraus, daß Schießpulver, welches in ein durch wiederholtes Feuern erhitztes Rohr geladen wird, dem Zustande, in welchem es brennen kann, weit näher gebracht wird und daher entzündbarer ist als kaltes Pulver, woraus folgt, daß in einem gegebenen kurzen Zeitabschnitt sich auch eine größere Menge desselben entzünden und daher auch auf die Kugel und das Rohr natürlich eine größere Wirkung machen muß.

Die Hitze des Rohres wird auch dazu dienen, die Luft in dem Laufe zu trocknen und die Innenseite desselben von der Nässe, welche sich darin sammelt, wenn lange nicht daraus geschossen worden, zu reinigen: Umstände, welche ohne Zweifel die Schnelligkeit der Entzündung des Pulvers und seiner Wirkungskraft verstärken.

Da mehr Zeit erfodert wird, um einen großen Körper zu erhitzen: so folgt daraus, daß sich Mehlpulver schneller als gekörntes entzündet, und daß die Theilchen, je kleiner solche sind, desto schneller Feuer fangen. Schiffer zerquetschen daher das Zündkraut, nachdem sie solches auf das Geschütz gebracht, ohne welche Vorsicht es gewiß schwierig sein würde, es mittelst der Lunte abzubrennen. Wenn Jagdliebhaber demnach Mehlpulver auf die Pfanne schütteten, würden die Gewehre selten versagen. Die Federn des Schlosses dürften daher auch schwächer sein, und ihre Größe beträchtlich ohne Gefahr verringert werden; indem aber so die Heftigkeit des Schlages des Steines auf den Stahl im Feuerschlag vermindert wird, möchte wohl das Gewehr auch mit mehr Genauigkeit abgeschossen werden können.

Indem ich aus den Ergebnissen der vier erwähnten Versuche, sowie aus den angeführten Ursachen die Folgerung zog, daß der Zustand des Rohres einen bedeutenden Einfluß auf die Kraft des Pulvers ausübt: so war ich nach der Hand immer bedacht, das Rohr in einen angemessenen Wärmegrad zu bringen, und zwar durch mehrmaliges Abfeuern mit Pulver, so jedoch, daß bei jedem Versuche zuvor das Rohr ausgekühlt war.

Von der Art, in welcher Geschütze durch Feuern erhitzt werden.

Ich war sehr überrascht, als ich nach dem Versuche Nummer 17 das Rohr betastete, nachdem es mit 330 Gran Pulver ohne Kugel abgebrannt war, solches so sehr erhitzt zu finden, daß ich es kaum in meiner Hand halten konnte, und zwar augenscheinlich heißer als zuvor, obgleich dieselbe Pulverladung in den beiden vorhergegangenen Versuchen gebraucht ward, und in beiden Fällen das Rohr mit einer Kugel geladen war; da man sich doch hingegen vorstellen sollte, daß, wenn die Flamme eingeschlossen, und die Zeit ihrer Wirkung verlängert wird, das Rohr dadurch viel mehr erhitzt werde, als wenn man es mit bloßem Pulver abfeuert.

Diese Thatsache war nicht zu bezweifeln; denn es war mein steter Gebrauch, das Rohr zu ergreifen und gleich nach gemachtem Versuche auszuwischen, und doch hatte ich zuvor nie irgend einen Nachtheil von der Hitze empfunden. Um aber allem Zweifel zu begegnen, wiederholte ich, nachdem ich das Rohr bis zu dem gehörigen Grade hatte auskühlen lassen, den Versuch zweimal mit derselben Pulverladung und mit Kugeln, und beide Male (siehe den 18. und 19. Versuch) war die Hitze des Rohres offenbar geringer als in dem obigen Versuche von Nr. 17.

Das Zerbrechen eines kleinen Taschenthermometers, welchen ich zum Behuf der Hitzemessung des Rohres mitgenommen hatte, ging mir um so mehr nah, als ich bei der Entfernung von London einen andern anzuschaffen nicht vermochte. Ich mußte mich daher damit begnügen, die Hitze des Rohres durch Betasten zu erproben.

Da ich durch diese zufällige Entdeckung des hohen Grades von Hitze, den die Geschütze annehmen, wenn sie mit bloßem Pulver abgefeuert werden, sehr überrascht worden war, und ich zugleich zu ergründen wünschte, ob dieser Umstand allgemein Statt habe: so beobachtete ich aufmerksam die Hitze des Rohres nach jedem folgenden Versuche und habe unausgesetzt dieselbe merklich größer gefunden bei bloßer Pulverladung, als wenn die Ladung eine oder mehrere Kugeln zugleich enthielt.

Obgleich nun das Ergebniß dieser Versuche gänzlich unerwartet kam und meiner vorgefaßten Meinung entgegen war, so bin ich doch jetzt vollkommen überführt, daß es sich so verhalte und als zuverlässig angenommen werden muß.

Es ist gewiß, daß nur ein ganz geringer Theil derjenigen Hitze, welche ein Gewehr während des Feuerns erlangt, durch die Flamme des Pulvers erzeugt wird, denn die Zeit seiner Wirkung ist so kurz — vielleicht nicht $\frac{1}{200}$ oder $\frac{1}{150}$ Theil Dauer einer Secunde — daß, wenn dessen Hitze statt viermal, wie Robins voraussetzt, 400mal heißer als rothglühend Eisen wäre, sie dennoch nicht merklich eine so große Metallmasse hätte erwärmen können, als zur Formung unserer großen, schweren Geschütze aufgeht oder erfodert wird, und überdies, wenn die Hitze der Flamme innerlich kräftig genug wäre, um in so kurzer Zeit eine so große Wirkung hervorzubringen, sie hinlänglich stark seyn müßte, nicht nur alle in ihre Nähe gebrachten Gegenstände aufzubrennen, sondern sogar die Kugel zu schmelzen, welche sie umgibt und forttreibt, besonders wenn solche klein und von Blei oder anderm leichtflüssigen Metall geformt wäre. Nichtsdestoweniger sehn wir oft das feinste Papier aus der Mündung unentzündet herausflattern, nachdem es den Angriff des Feuers durch die ganze Länge des Laufs ausgestanden, sowie eben auch der kleinste Schrotschuß, ohne zu schmelzen, ausgeschossen wird. Aber man könnte hier entgegnen, daß die Kugeln immer sehr heiß gefunden werden, wenn solche ungesäumt, nachdem sie das Rohr verlassen haben, aufgenommen werden, und daraus einen Beweis von der innern Stärke der Hitze der Pulverflamme und deren großer Kraft entnehmen, die Hitze auch den dichtesten Körpern mitzutheilen. Hierauf aber erwiedere ich, daß sich auch dieselbe Erscheinung bei Kugeln aus Windbüchsen oder von Armbrüsten geschossen zeigt, besonders wenn solche auf irgend einen harten Körper stießen und stark flach gedrückt waren; sowie Kugeln aus Musketen abgeschossen immer im Verhältniß zu der Härte des Körpers, auf welchen sie schlugen, heißer gefunden werden. Wenn eine Musketenkugel in einen weichen Körper geschossen wird, z. B. in Wasser, so wird man kaum einige Wärme an solcher spüren; wird sie aber gegen eine starke eiserne Platte oder jeden andern Körper getrieben, welchen sie nicht durchdringt, so wird sie durch den Schlag abgeschliffen, eigentlich platt gequetscht, und die von ihr getrennten Theilchen werden in einem fast der Schmelzung nahen Zustande befunden. [1]) Nicht durch die Flamme, sondern durch den Stoß (Percussion) werden die Kugeln erhitzt.

1) In Venturi's, von mir aus dem Italienischen übersetzter Preisschrift (über das Entstehen und Fortschreiten der Geschützkunde) wird von Galilei dieses vermeintliche Schmelzen ganz anders erläutert.

Sie mögen in der That einen geringen Wärmegrad durch die Flamme, aber mehr vielleicht durch die an beiden Seiten des innern Laufes entstehende Reibung erhalten; eigentlich jedoch entsteht diese Erhitzung nur durch das Anschlagen an harte Körper und durch den Widerstand, welchen nachgiebigere Körper leisten.

Es ist aber hier noch ein anderer Umstand zu beachten, nämlich der, daß das Metall in Geschützröhren, wenn häufig hinter einander daraus gefeuert wird, schmilzt, wodurch das Zündloch oft so ausbrennt, daß das Stück ganz unbrauchbar wird.

Dieses aber beweist, wie ich glaube, weiter nichts, als daß das Metall sehr leicht von der Flamme des Schießpulvers angegriffen und zerstört wird; denn es kann nicht vorausgesetzt werden, daß in solchen Fällen das Metall immer gleich zusammengeschmolzen.

Das Zündloch einer Muskete ist durch Feuern bald ausgebrannt und muß nach einem längern Gebrauch mittelst einer Schraube ausgefüllt, und durch solche ein neues Zündloch ausgebohrt werden. Diese Arbeit wird das Verbohren (oder Ausbuschen) genannt. Dagegen findet man bei allen bessern Gattungen von Jagdgewehren das Zündloch mit Gold ausgefüttert, weshalb solche auch ohne die geringste Beschädigung lange Zeit das Feuer vertragen; und dessenungeachtet weiß Jedermann, daß Gold schon bei geringerem Feuergrade, als der bei Eisen nöthig ist, zum Schmelzen gebracht wird. Dafür aber kann Gold durch keine bei dem Verbrennen des Schießpulvers hervorgebrachte Substanz angegriffen werden welches beim Eisen nicht der Fall ist, woher es auch kommen mag, daß ein mit Gold gefüttertes Zündloch dauerhafter als eins von Eisen ist.

Es scheint aber auch, daß Eisen dauerhafter als Metall sei, und es würde vielleicht Stahl oder manches andere geringere Metall die Stelle des Goldes ersetzen, so daß durch dieses Mittel große Kosten erspart würden, welche das Ausfüttern mit Gold erzeugt.

Dieses führt uns zu einem leichten und wirksamen Mittel gegen den oft gerügten Fehler, nämlich des Ausschmelzens des Zündlochs; wenn nämlich die Geschütze mit eisernen Zündlöchern verbohrt wären, würden sie eben so lange das Feuer als eiserne Geschütze selbst vertragen.

So auch möchten, wenn Stahl oder jedes andere einfache oder zusammengesetzte Metall nach gemachten Proben diesem Endzweck besser als Eisen entsprechen sollte, jene für dieses, ja sogar Gold zum Ausfüttern der Zündlöcher angewendet werden; letzteres ohne zu bedeutende Ausgabe, indem man nur so viel Gold zum Ausfüttern verwendete, als nöthig ist, um wenigstens eine etwas längere Zeit dem Feuer Widerstand zu leisten.

Wenn nun zuvor ganz klar erwiesen worden, daß die Hitze den Geschützen nicht durch die Flamme mitgetheilt wird: so muß es eine andere Ursache dafür geben, — und diese besteht in der Bewegung und der Reibung der innern Theile des Metalles selbst, welche durch die plötzlichen und heftigen Einwirkungen des Schießpulvers auf die inneren Seiten des Laufes entstehen; daher ich diese Ursache, wo nicht als die einzige, doch als die hauptsächlichste der Erhitzung des Rohres betrachte.

Es ist allbekannt, daß in einem jeden harten und dichten Körper ein hoher Grad von Hitze in kurzer Zeit durch Reiben hervorgebracht werden kann, aber in noch kürzerer Zeit durch das Zusammen-Stoßen oder -Schlagen; denn wenn zwei schwingungsfähige Körper mit großer Kraft und Geschwindigkeit gegeneinandergeschlagen werden, so befinden sich alle Theile solcher Körper unausgesetzt fest zusammengedrückt, und da sie starr oder spröde sind, werden sie mit gleicher Kraft widerstreben. Daher auch ein plötzliches und mächtiges Zusammenziehen und Ausdehnen in jedem Theile entsteht, und zwar der Art von lebendiger Schwingung ähnlich, welche wir in aufgespannten Saiten beobachten.

Wie stark diese Schwingungen seien, lehrt uns die Glocke, die, wenn solche mit einem einzelnen Schlage getroffen wird, in dem ganzen Umfange ihres Körpers eine Ausdehnung für eine ziemliche Weile empfängt und hernach in unzähligen Ellipsen sich zusammenzieht.

Ist nun die oben beschriebene Zerreibung hervorgebracht, mit welcher Kraft und Geschwindigkeit werden nun alle diese Theilchen des geriebenen Körpers zusammengedrückt, durch einander gerüttelt und bis in ihre innigen Bestandtheile vereinzelt! Daher nur im

Verhältniß zu der Behendigkeit dieser zitternden Bewegungen und der Heftigkeit der Reibungen der Grad der Hitze entsteht.

Ein Stück Eisen, welches den Druck eines noch so großen Gewichts, ohne sich zu erwärmen, erträgt, kann sogleich durch den Schlag des Hammers erhitzt werden, sowie auch selbst weiche und springfähige Körper durch Schläge erwärmt werden können, vorausgesetzt, daß die Geschwindigkeit, mit welcher ihre Bestandtheile zum Nachgeben gebracht werden, hinlänglich schnell sei.

Wird eine bleierne Kugel auf einen Amboß oder einen andern harten Körper gelegt und in dieser Lage mit dem starken Schlage eines Hammers getroffen, so wird solche stark erhitzt gefunden werden. Dieselbe Kugel aber kann in der nämlichen Lage mittelst des Druckes oder durch den Schlag irgend eines schweren Körpers, der jedoch mit weniger Geschwindigkeit fallen muß, ohne merkliche Erhitzung flächer gedrückt werden.

Damit also Hitze erzeugt werde, muß die Wirkung des Pulvers auf die innern Seiten des Rohres nicht nur stark genug sein, das Metall auszudehnen und in dessen Theilen Bewegung hervorzubringen, sondern es muß solche auch auf das Schnellste erfolgen. Die Hitze wird aber stark vermehrt werden, wenn der Eindruck von genügender Kraft, und die Dauer ihrer Wirkung augenblicklich ist, weil, wenn in diesem Falle die Fasern des Metalles gewaltsam ausgestreckt werden, solche auch mit ihrer vollen Kraft und Geschwindigkeit zurückspringen und so das rasche, zitternde Schwanken und Zerreiben hervorbringen.

Die Hitze, welche in einem Stücke durch Feuern erzeugt wird, entspricht also der Kraft, durch welche die Metalltheilchen gedehnt und zusammengepreßt werden, der Raschheit, mit welcher diese Kraft ausgeübt wird, und der Kürze der Zeit ihrer Wirksamkeit, oder besser gesagt, der Stärke des Pulvers, dem Gewicht der Ladung und der Lebendigkeit der Entzündung, sowie der Schnelligkeit, mit welcher der erzeugte Dampf ausströmt.

Nun ist die Einwirkung einer jeden Pulverladung auf das Rohr beinahe die nämliche, ob solche mit oder ohne Kugel abgefeuert wird; die Geschwindigkeit aber, mit welcher der erzeugte Dampf ausströmt, ist weit größer, wenn das Pulver allein abgefeuert wird, als wenn eine oder mehrere Kugeln fortgetrieben werden sollen. Die Hitze muß daher in dem ersten Falle größer als in dem letzten seyn, wie solches die angestellten Versuche ergeben.

Zur deutlichern Entwickelung dieser Aufgabe wollen wir irgend eine gegebene Menge Pulver gerade in einem für solche ausgemessenen Raum eingeschlossen und in dieser Lage durch irgend ein Mittel entzündet annehmen.

Falls dieser Raum nun die Kammer irgend eines Dienstgeschützes wäre, und eine Kugel oder ein sonst harter Körper so fest in dem Laufe, und zwar unmittelbar auf der Ladung säße, daß die ganze Kraft des Pulvers nicht fähig wäre, solche zu bewegen: so wird, wie das Pulver anfängt sich zu entzünden, und der springfähige Dampf sich erzeugt, der Druck auf die innere Seite der Kammer vermehrt werden, so lange, bis zuletzt alles Pulver aufgebrannt, und die Ausreckung des Metalls zu ihrer größten Höhe gelangt ist, in welchem Zustande alles verbleiben wird, indem der Zusammenhang oder die Springkraft der Metalltheilchen den Druck des Springdampfes aufheben.

Unter solchen Umständen wird sehr wenig Hitze entstehen, weil die unablässige Anstrengung des Springdampfes gleich einem Gewichte wirkt, und kaum weder Stoß oder zitternder Schwung, noch Reibung zwischen den Theilen des Metalls entstehen kann, welche sonst im Zusammentreffen mit springfähigen Bestandtheilen die Ursache der Erhitzung werden. Nehmen wir dagegen die Kugel als beweglich an, und daß solche mit einigem Widerstande und nur langsam nachgebe: so wird zwar der Springdampf wie zuvor erzeugt werden und seine ganze Kraft auf die Kammer des Stückes ausüben; jedoch wie die Kugel nachgibt und im Laufe vorwärts geht, wird sich der Dampf ausbreiten und schwächer werden, und die Metalltheilchen stufenweise in ihre frühere Lage zurücktreten. Da aber die Geschwindigkeit, mit welcher sich das Metall in seine frühere Lage wiederherstellt, nur gering ist, so wird auch die zitternde Schwingung, welche im Metall noch übrig, nachdem der Dampf entwichen ist, sowie die durch sie erzeugte Hitze nur gering seyn können.

Wenn aber die Kugel so viel leichter ist, um dem entweichenden Springdampfe nur geringen Widerstand zu leisten, oder das

Pulver gänzlich ohne Kugel abgebrannt wird, indem dabei fast nichts oder nur sehr Weniges dem Durchzuge der Flamme im Laufe entgegensteht: so wird solches sich mit einer unerhörten Schnelligkeit verbreiten, und seine Wirkung auf das Rohr fast im Augenblicke aufhören, das gedehnte Metall aber sich mit rascher Beweglichkeit herstellen, und zugleich eine heftige Zitterbewegung entstehen, welche das Stück mächtig erhitzen wird.

Von der Wirkung, welche das Zusammenstampfen des Pulvers in der Kammer des Rohres hervorbringt.

Als eine Ladung von 218 Gran Pulver behutsam in den Lauf des Rohres in einer Patrone vom feinsten Papiere gebracht worden, ohne zusammengestoßen zu werden, betrug die Geschwindigkeit der Kugeln, im Durchschnitt nach dem 40., 41., 42. und 47. Versuche, 1225 Fuß in einer Secunde; in dem 68., 69. und 70. Versuche aber, wo dieselbe Pulvermenge durch fünf bis sechs harte Stöße mit dem Ladestocke heruntergedrückt wurde, war die Mittelgeschwindigkeit 1329 Fuß in einer Secunde. Nun ist die ganze Kraft oder der Druck, welche die Ladung auf die Kugel ausübt, wie das Quadrat ihrer Geschwindigkeit, und es verhält sich 1329^2 zu 1225^2 wie 1,1776 zu 1, oder fast wie 6 zu 5; also war die Kraft der gegebenen Pulverladung durch das Einstampfen in diesem Verhältnisse verstärkt.

In dem 71. Versuche ward das Pulver auch eingerammt, das Zündloch aber, statt am Boden der Höhlung, war zu 1,3, und die Geschwindigkeit der Kugel beträchtlich vermindert, indem sie nur 1080 Fuß in der Secunde anstatt 1276 Fuß betrug, welches die Mittelgeschwindigkeit bei dieser Ladung, bei dem Zündloche in dieser Lage und bei dem eingestampften Pulver war.

Man sehe den 43., 44., 45. und 46. Versuch.

Wenn also, anstatt das Pulver herunterzustoßen oder sachte im Laufe zusammenzudrücken, solches in einen größeren Raum gebracht wird, als es auszufüllen vermag: so ist die Wirkung solcher Ladung merklich geringer, wie Robins und Andere erprobt haben.

In meinem 30. Versuche bestand die Ladung nur in 165 Gran Pulver und nahm 3,2 Zoll der Röhre ein, statt 1,45 Zoll, welcher Raum gerade ausgefüllt ist, wenn das Pulver behutsam auf seinen Platz geschüttet wird, ohne eingerammt zu werden; wonach sich ergab, daß die Geschwindigkeit der Kugel, welche sonst in einer Secunde 1100 Fuß oder auch darüber betrug, nur im Verhältniß von 914 Fuß in der Secunde stand, mit entsprechendem Rückpralle.

Hieraus ergiebt sich nun, daß das Pulver, mit welchem ein Geschütz geladen wird, immer in den Lauf eingerammt werden müsse, um die Schnelligkeit der Kugel höher zu treiben. Ebenso ist es bekannt, daß der Zurückstoß einer Muskete um so stärker ist, je schärfer die Pulverladung aufgesetzt wird, was jenen Voraussetzungen zur Bestätigung dient.

Von dem Verhältnisse der Geschwindigkeit der Kugel zu der Pulverladung, welche jene forttreibt.

Es geht aus allen bis jetzt gemachten Versuchen über die uranfänglichen Geschwindigkeiten der Kugeln hervor, daß, wenn die Gewichte und Maße der Kugeln dieselben sind, und solche aus dem nämlichen Rohre, doch mit verschiedener Pulvermenge, abgeschossen werden, die Geschwindigkeit beinahe unter dem Doppelwerthe zu dem Gewichte der Ladung stehe. Die folgende Tabelle wird beweisen, wie genau dieses Gesetz in den vorhergegangenen Versuchen herrschend ist.

	Geschwindigkeit.			
Ladungen.	Berechnet.	Wirklich.	Unterschiede.	Nr. des Versuches.
437½	1764	1764	———	3
330	1533	1594	+ 61	2
310	1486	1459	— 27	1
290	1436	1436	0	7
218	1232	1225	— 7	4
208	1216	1256	+ 40	3
165	1083	1087	+ 4	2
145	1018	1040	+ 22	2
104	860	757	— 103	2

Die berechneten Geschwindigkeiten, sowie solche diese Tabelle zeigt, sind bestimmt durch das Verhältniß der Quadratwurzel von 437½ (dem Gewichte, in Granen, von der stärksten Pulverladung) zu der Mittelgeschwindigkeit der Kugel mit dieser Ladung und dem Zündloche bei 0, nämlich 1764 Fuß in einer Secunde, und die Quadratwurzel der andern Ladungen in Granen ausgedrückt; sowie die wirklichen Geschwindigkeiten Mittelgeschwindigkeiten von allen den unter ähnlichen Umständen und mit der gegebenen Ladung gemachten Versuchen sind.

Die vierte Reihe zeigt den Unterschied der berechneten und der wirklichen Geschwindigkeiten, oder die Zahl der Fuße in der Secunde, bei welcher die wirkliche Geschwindigkeit die berechnete übersteigt oder hinter ihr zurückbleibt; in der fünften Reihe ist die Nummer der Versuche mit jeder Ladung aus der Mittelzahl, aus welcher die wirkliche Geschwindigkeit bestimmt wird, nachgewiesen.

Das Übereinstimmen und Zusammentreffen der wirklichen und berechneten Geschwindigkeiten wird noch auffallender erscheinen, wenn wir die Summen und den Unterschied gesammter Geschwindigkeiten dieser Ladungen (die erste ausgenommen) annehmen, und zwar wie folgt:

Summe der Geschwindigkeiten, — 1764.

Berechnete.	Wirkliche.	Unterschied.	Zahl der Versuche.
9864	9854	— 10	23

sodaß es erwiesen ist, daß der Unterschied der wirklichen Geschwindigkeit nur um $\frac{1}{983}$ geringer im Durchschnitt von 23 Versuchen angenommen werden darf.

Da aber bei weitem die größere Zahl der Versuche mit nachfolgenden, bezeichneten Ladungen gemacht worden waren, nämlich mit 290, 218, 208, 165 und 145 Gran Pulver:, so wollen wir die Summe und den Unterschied der berechneten und wirklichen Geschwindigkeiten dieser Ladungen aufführen, wie folgt:

Summe der Geschwindigkeiten.

Berechnet.	Wirklich.	Unterschied.	Zahl der Versuche.
5985	6044	+ 59	18.

Hier ist die Übereinstimmung der Lehre mit der Ausübung so außerordentlich merkwürdig, daß wir voraussetzen müssen, daß solche gewissermaßen zufällig war; denn der Unterschied der Geschwindigkeiten bei denselben wiederholten Versuchen war im Allgemeinen größer als der Unterschied der berechneten und wirklichen Geschwindigkeiten in diesem Falle. Ich bin aber der Meinung, daß alle diese Proben zu der Annahme führen, daß die Geschwindigkeiten leichter Musketenkugeln, wenn solche aus demselben Rohre und mit Ladungen verschiedenen Maßes derselben Gattung Pulver abgeschossen werden, ziemlich nahe unter dem doppelten Werthe der Ladungen stehen.

Ob dieses Gesetz probehaltig sey, wenn es auf Kanonenkugeln und Kesselbomben von großem Umfang angewendet wird, wage ich bis jetzt noch nicht zu entscheiden; ich vermuthe aber, daß solches nicht der Fall sei.

Von der veränderten Lage des Zündlochs und deren Wirkung.

Es hat zwei Meinungen gegeben über die Art, wie Schießpulver Feuer fängt.

Robins setzt voraus, daß die Entzündung fast gleichzeitig sei, dergestalt, daß sammtliches Pulver der Ladung abgebrannt und in Springdampf verwandelt sei, bevor die Kugel merklich aus ihrer Lage gewichen. Andere aber meinen, daß die Entzündung allmälig vor sich gehe, und daß selten die Ladung durchweg entzündet werde, bevor die Kugel die Mündung verlassen hat.

Die große Menge Pulver, welche öfter aus Feuergewehren unentzündet ausgetrieben wird, scheint die letztere Meinung zu bestätigen. Robins aber sucht diesen Umstand anderweitig zu erklären und seine Meinung durch die Thatsache zu rechtfertigen, daß nämlich jeder Zuwachs der Ladung innerhalb bestimmter Grenzen auch ein verhältnißmäßiges Wachsen der Geschwindigkeit erzeuge, und daß, wenn das Pulver durch einen Zuwachs an Gewicht, z. B. durch mehrere Kugeln, eingezwängt werde, die Geschwindigkeit dennoch nicht merklich größer wird, als sie dem Lehrsatze zufolge sein müßte.

Wäre diese Frage ein bloßes Theorem, so würde es der Mühe nicht lohnen, sie zu erörtern; da aber hiervon manche für das Geschützwesen wichtige Bestimmungen und daraus entspringende nützliche Verbesserungen abhängen, so darf sie nicht übergangen werden. So lange nicht die Art der Entzündung des Pulvers und die Geschwindigkeit, mit welcher diese vor sich geht, bekannt sind, kann die beste Einrichtung der Pulverkammern ebenso wenig mit Sicherheit ermittelt werden, als die zweckmäßigste Lage des Zündloches oder die Gewalt des Pulvers, sowie die Metallstärke, welche die verschiedenen Theile des Rohres erfodern.

Da es leicht sein würde, den besten Lagepunkt des Zündlochs durch die Geschwindigkeit der Entzündung des Pulvers, falls solche bekannt wäre, zu bestimmen: so habe ich zur Erreichung dieses Zweckes, mittelst Versetzung der Zündlöcher auf verschiedene Punkte der Ladung, folgende Versuche angestellt.

Gewicht der Pulverladung.	Raum, welchen das Pulver einnimmt.	Zündloch vom Boden des Laufes.	Geschwindigkeit der Kugel im Mitteldurchschnitte.	Rücklauf gemessen auf dem Bande im Mitteldurchschnitte.	Nummer der Versuche.
Gran.	Zoll.	Zoll.	Fuß in F. S.	Zoll.	
165	1,45	0	1087	14,465	2
..	..	1,32	1082	14,31	3
218	1,9	0	1225	17,93	4
..	..	1,3	1276	18,34	4
290	2,6	0	1427	22,626	3
..	..	1,3	1493	23,34	3
..	..	2,6	1460	23,286	4
..	..	0	1444	23,135	4
..	..	2,6	1413	24,5	3
310	2,7	0	—	24,69	1
..	..	1,32	—	24,95	1
..	..	2,65	—	24,9	1
330	2,9	0	1594	26,075	2
..	..	1,3	1625	26,4	2
..	..	2;6	1525	25,3	2
437½	3,9	0	1764	33,3	3
..	..	2,6	1751	32,866	3

Hieraus ergibt sich nun; daß der Unterschied der Kraft, welcher aus der abweichenden Lage der Zündlöcher bei jeder gegebenen Pulverladung entstanden, ziemlich unbedeutend ist.

Mit 165 Gran Pulver, und das Zündloch auf 0 gerichtet, ergab die Geschwindigkeit der Kugel im Durchschnitt von zwei Versuchen (als dem 20. und 21.) 1087 Fuß in einer Secunde; mit der nämlichen Pulverladung hingegen, und das Zündloch auf 1,32 Zoll gerichtet, im Durchschnitt des 22., 23. und 24. Versuches, auf 1082 Fuß in einer Secunde. Der Unterschied (gleich 5 Fuß in einer Secunde) ist geringer, als er sich häufig bei Wiederholung des nämlichen Versuches zeigt.

Mit 218 Gran Pulver, und das Zündloch auf 0 gerichtet, betrug die Mittelgeschwindigkeit im 40., 41., 42. und 47. Versuche 1225 Fuß in einer Secunde, und mit der nämlichen Ladung, und das Zündloch auf 1,3 gerichtet, belief sich dieselbe bei vier Versuchen (43. bis 46.) in Mittelberechnung auf 1276 Fuß in einer Secunde.

In der ersten Reihe der Versuche mit 290 Gran Pulver waren die Geschwindigkeiten folgende:

	Zündloch auf 0.	Zündloch auf 1,3.	Zündloch auf 2,6.
	1414	1476	1502
	1455	1520	1450
	1412	1483	1433
			1454
	3) 4281	3) 4479	4) 5839
Das Mittlere	1427	1493	1460

Nach den Versuchen von Nummer 48 bis 57 einschließlich.

In der zweiten Reihe der Versuche waren die Geschwindigkeiten:

	Zündloch auf 0.	Zündloch auf 2,6.
	1419	1438
	1460	1423
	1462	1378
	1436	
	4) 5777	3) 4239
Das Mittlere	1444	1413

Nach Nummer 109 bis 115 einschließlich. — Der Durchschnitt aller Geschwindigkeiten in beiden Reihen und bei jeder Lage des Zündloches wird daher folgender seyn:

	Zündloch auf 0.	Zündloch auf 1,3.	Zündloch auf 2,6.
Mittlere Geschwindigkeit	1436	1493	1437.

Mittelrückläufe in diesen Versuchen waren:

Zündloch auf 0.	Zündloch auf 1,3.	Zündloch auf 2,6.
22,88	23,34	23,61.

In den Versuchen mit 310 Gran Pulver wurden die Geschwindigkeiten der Kugeln mit nicht hinlänglicher Genauigkeit bestimmt, um völlig sichere Resultate zu erlangen. Die Rückläufe aber, welche mit großer Sorgfalt gemessen wurden, waren folgende:

Zündloch auf 0.	Zündloch auf 1,3.	Zündloch auf 2,6.
24,69.	24,95	24,9.

Mit 330 Gran Pulver waren die Mittelgeschwindigkeiten und die Rückläufe, wie folgt.

	Zündloch auf 0.	Zündloch auf 1,3.	Zündloch auf 2,6.
Geschwindigkeiten	1594	1625	1525
Rücklauf	26,075	26,4	25,3.

In den Versuchen mit 437½ Gran (einer Unze Krämergewicht) Pulver waren Geschwindigkeiten und Rückläufe folgende:

	Zündloch auf 0.		Zündloch auf 2,6.	
	Geschwind.	Rücklauf.	Geschwind.	Rücklauf.
	1738	33,	1707	23,5
	1824	33,3	1757	33,2
	1728	33,6	1789	32,9
	3) 5291	3) 99,9	3) 5253	3) 98,6
Mittel davon	1764	33,3	1751	32,866.

Aus den Ergebnissen dieser Versuche sieht man, daß die Wirkung, welche die Anordnung der Lage der Zündlöcher auf verschiedenen Stellen, in Bezug auf den Boden der Kammer, ausübte, bei verschiedenen Ladungen auch verschieden wirkt. So war die Geschwindigkeit der Kugel mit 165 Gran Pulver eher dadurch verringert, daß man das Zündloch von 0 oder dem Boden des Rohres auf 1,32 versetzte; mit 218 Gran aber ward die Geschwimdigkeit, ebenso wie die des Rücklaufes, um ein Geringes erhöht.

Mit 290 Gran Pulver war die größte Geschwindigkeit erreicht, wenn das Pulver am Zündloche 1,3, also der Mitte der Ladung zunächst, aufgebrannt wurde; beinahe aber noch größer zeigte sie sich, wenn die Ladung am Kopfe, d. i. an der Spitze, oder unmittelbar hinter der Kugel entzündet, als wenn solche am Boden abgebrannt ward. Auch scheint es nach den Rückläufen, daß die Geschwindigkeiten der Kugeln beinahe in derselben Art abwichen, wenn die Ladung in 310 Gran Pulver bestand.

Mit 330 Gran aber waren beide, sowol die Geschwindigkeit als der Rücklauf, größer, wenn das Pulver an der Mitte der Ladung entzündet ward, als wenn solches am Boden geschah; doch sie wurden unter allen die geringsten bei der Entzündung an der Spitze. Wenn aber eine Unze Pulver zur Ladung genommen wurde, war dessen Kraft beim Abbrennen am Boden am stärksten.

Es war jedoch der Unterschied, welchen die Kraft des Pulvers, nach Maßgabe der besonderen Lagen der Zündlöcher, ausübte, in allen Fällen so unbedeutend (und zwar, wie ich schon vorher bemerkt habe, geringer, als solcher sich häufig bei Wiederholung der nämlichen Versuche zeigte), daß sich ergibt, daß fast jede gegebene Pulverladung beinahe eine und dieselbe Wirkung hervorbringe, in welcher Lage das Zündloch sich auch befinden möge, und daß man folglich bei Anfertigung von Feuergewehren die Lagen der Zündlöcher durchaus nicht zu berücksichtigen habe; wobei es keinem Zweifel unterliegt, daß dasselbe Verfahren auch bei großen und schweren Feuerwaffen Probe halten muß.

Fast jeder Büchsenmacher hat seine eigenthümliche Meinung in Betreff der vorzüglichsten Gestaltung des Bodens der Kammer und der besondern Lage des Zündloches. Darin stimmen jedoch alle überein, daß das Zündloch so tief oder so weit zurück liegen müsse als möglich, um den Grad des Rücklaufens zu vermindern, obgleich nicht ihrer zwei dasselbe genau und in derselben Art einrichten.

Einige machen den Boden der Kammer flach und bringen das Zündloch gleichmäßig mit dem Ende der Schwanzschraube an. An=

dere legen das Zündloch durch die Schwanzschraube streichend, sodaß es gerade auf die Axe der Seele trifft. Andere wieder machen den Boden der Kammer konisch, während einige eine kleine cylindrische Höhle in der Schwanzschraube von ungefähr $\frac{2}{10}$ Zoll im Durchmesser und fast von $\frac{1}{2}$ Zoll Länge anbringen, welche mit der Axe der Seele zusammentrifft, sodaß das Zündloch gerade in wagerechter Linie mit dem Boden dieser kleinen Höhlung aufsteigt.

Der Einwurf gegen die erste Art besteht darin, daß das Zündloch leicht durch die nach dem Feuern im Rohre übrig bleibende faule Materie verstopft werde, die besonders bei feuchtem Wetter sich anhäuft.

Dieselben Zufälligkeiten, nur in vergrößerten Verhältnissen, sind mit den andern Vorrichtungen verknüpft und werden noch durch eine andere, aus der Länge des Zündloches entstehende vermehrt. Denn wenn das Zündloch länger ist, ist es nicht nur der Verstopfung mehr ausgesetzt, sondern die Flamme braucht auch längere Zeit, um herunter in die Kammer zu dringen, in Folge dessen das Geschütz langsamer losgeht, oder nach dem Ausdrucke der Jäger feuerhängig wird.

Die Form, welche ich hiernächst für den Boden des Laufes empfehlen würde, ist die einer Halbkugel [1]), wobei das Zündloch gerade durch die Seite des Rohres in senkrechter Linie zu seiner Axe und auf den Mittelpunkt der hemisphärischen Höhlung der Kammer gehen muß.

In diesem Falle würde das Zündloch möglichst kurz und am wenigsten dem Verstopfen ausgesetzt seyn, sowie auch das Rohr leichter gereinigt werden möchte als bei jeder andern Form des Bodens. Alle diese Vortheile würden wahrscheinlich auch bei groben Geschützen, in derselben Art verfertigt, erreicht werden.

Neue Art und Weise, die Geschwindigkeit der Kugeln zu bestimmen.

Es ergibt sich aus der Wirkung und Rückwirkung, daß der Nachdruck eines Rohres genau gleich sein muß dem Nachdruck sei-

1) Wie wenig folgerecht! Eben wird Alles verworfen und für unnütze Mühe in dieser Beziehung erklärt, und hier wird eine neue, ebenso wenig motivirte Einrichtung empfohlen. Anmerk. d. Übers.

ner Ladung, oder daß das Gewicht des Rohres, multiplicirt mit der Geschwindigkeit seines Rücklaufs, in allen Fällen gleich seyn muß dem Gewichte der Kugeln, sowie des Pulvers oder des Dampfes, der aus demselben erzeugt wird, multiplicirt mit ihren eigenen Geschwindigkeiten; da jedes Theilchen Stoff, körperlich oder flüssig, welches aus der Mündung eines Rohres ausfährt, durch die Thätigkeit irgend einer Kraft getrieben werden muß, welche Kraft mit gleicher Stärke rückwirken muß gegen den Boden der Hohlung, d. h. des Laufes.

Ja selbst die geistige, unsichtbare, springfähige Flüssigkeit, welche aus dem Pulver bei seiner Entzündung erzeugt wird, kann nicht Bewegung erzeugen, ohne zugleich gegen den Lauf zurückzuwirken. Daher sehen wir Geschütze, wenn sie mit Pulver-allein abgefeuert werden, ebenso gut zurückfahren, als wenn ihre Ladung Kugeln fortzutreiben hat; obgleich der Rücklauf in beiden Fällen nicht den nämlichen Grad erreicht.

Es ist sehr leicht, die Geschwindigkeit des Rücklaufes in jedem gegebenen Falle zu bestimmen, wenn man ein Rohr in wagerechter Lage an zwei Pendelruthen aufhängt und den Bogen seines Aufschwunges (Aufsteigens) mittelst der bereits beschriebenen Methode abmißt. Hieraus ergibt sich der Nachdruck des Laufes, dessen Gewicht bestimmt ist, und daher auch der seiner Ladung.

Damit man aber die Geschwindigkeit der Kugel aus dem Rücklaufe bestimmen könne, ist zuvor auszumitteln, wie weit das Gewicht und die Geschwindigkeit des Dampfes zu dem Rücklaufe mitwirkt.

Derjenige Antheil an dem Rücklaufe, welcher aus der Dehnkraft des Dampfes entspringt, ist fast immer der nämliche, möge die Ladung aus bloßem Pulver bestehen oder darauf Kugeln gesetzt sein, wie alle angestellten Versuche ergaben.

Wenn daher ein Lauf nach der oben beschriebenen Art aufgehangen und mit bloßer Pulverladung, ohne Kugel oder Werkstöpsel, abgefeuert wird, und man dessen Rücklauf beobachtet; wenn sodann derselbe Lauf mit gleicher Pulverladung und einer Kugel von bekanntem Gewicht versehen wird: so ergibt sich, daß das Übermaß im Verhältniß zu der Schnelligkeit der Kugel stehe; denn der Unterschied der Geschwindigkeiten, multiplicirt mit dem Gewicht des Laufes, wird gleich sein dem Gewichte der Kugel, multiplicirt mit ihrer Geschwindigkeit.

Wenn wir z. B. W gleichstellen dem Gewichte des Rohres;

U = der Geschwindigkeit seines Rücklaufes mit was immer für einer gegebenen Pulverladung ohne Kugel;

V = der Geschwindigkeit seines Rücklaufes mit derselben Ladung von Pulver, um jedoch eine Kugel abzufeuern;

B = dem Gewichte der Kugel, und

v = ihrer Geschwindigkeit (der Kugel);

so wird sich ergeben $v = \frac{\overline{V - U} + W}{B.}$.

Wir wollen nun betrachten, wie diese Formel, die Geschwindigkeiten der Kugel zu bestimmen, der Erfahrung entspricht. In dem 94. Versuche betrug der Rücklauf mit 165 Gran Pulver ohne Kugel 5,5 Zoll, im 95. aber bei derselben Ladung der Rücklauf 5,6 Zoll; das Mittlere davon also 5,55 Zoll. Wenn nun die Länge der Ruthen, an welche das Rohr angehangen, 64 Zoll, die Geschwindigkeit des Rücklaufes (= U), welches gleich ist 5,55 Zollen, die auf dem Bande ausgemessen sind, beträgt: so ergibt solches für die Secunde 1,1358 Fuß.

In fünf fernern Versuchen bei gleicher Pulverladung und einer Kugel, im Gewichte von 580 Gran, war der Rücklauf folgendermaßen:

Der 20. Versuch ergab	14,73	Zoll.
Der 21. = = = =	14,2	—
Der 22. = = = =	14,8	—
Der 23. = = = =	14,58	—
Der 24. = = = =	14,68	—
5) 73 (=	14,6	Zoll als das Mittelmaß.

Und da die Schnelligkeit des Rücklaufes (= V) ganz dieser Länge (14,6 Zoll) entspricht, so beträgt solche in einer Secunde 2,9880 Fuß, also ist V — U, oder 2,9880 — 1,1358 gleich 1,8522 Fuß in einer Secunde.

Da aber bekanntlich die Geschwindigkeiten des Rücklaufes den Sehnen der Bogen, durch welche der Lauf steigen muß, gleichen, so wird es unnöthig, um die Geschwindigkeiten der Kugeln zu bestimmen, die Geschwindigkeiten V und U zu berechnen, sondern nur die Größen $\overline{V-U}$, und der Unterschied der Geschwindigkeiten des Rücklaufes können in beiden Fällen aus dem ermittelten Unterschiede der Bogen in einer Aufgabe berechnet werden.

Wenn nun die Geschwindigkeit dem Bogen 9,05 = 14,6 — 5,55 entspricht, so ist solche 1,8522 Fuß in der Secunde, welches gleich ist $\overline{V-U}$, was zuvor gefunden ward.

Das Gewicht des Rohres sammt dessen Karren betrug $47\frac{1}{4}$ Pfund, wozu noch die $\frac{3}{4}$ Pfund des Gewichts der Ruthen, an welchen es aufgehangen ward, gezählt werden müssen, mithin zusammen W = 48 Pfund oder 336,000 Gran; das Gewicht der Kugel aber zu 580 Gran angenommen. B ist daher zu W wie 580 zu 336,000, das ist wie 1 zu 579,31 ziemlich nahe, und $v = \frac{(\overline{V-U} \times W)}{B}$ ist gleich $\overline{V-U} + 579{,}31$. Der Werth von $\overline{V-U}$, ganz dem vorherbesagten Versuch entsprechend, ergab 1,8522, folglich war die Schnelligkeit der Kugel (= v) gleich 1,8522 × 579,31 = 1073 Fuß in einer Secunde, also beinahe 1083 Fuß in einer Secunde, als das Mittelmaß der Geschwindigkeiten, wie sie der Pendel bestimmt.

Es kann jedoch die Berechnung der Schnelligkeit der Kugeln nach diesen Grundsätzen immer mehr vereinfacht und erleichtert werden, indem die Geschwindigkeiten des Rückpralles wie die auf den Bändern gemessenen Sehnen sind; denn c gleichgestellt dem Ende des Bogens des Rückpralles, in englischen Zollen ausgedrückt, wenn das Stück mit Pulver allein abgefeuert worden, und C = der Sehne, wenn eine Kugel mit derselben Ladung abgefeuert worden ist.

Demnach ist C — c wie V — U, und folglich wie $\frac{\overline{V-U} \times W}{B}$, welches die Geschwindigkeit der Kugel nachweist, indem der Werth von W zu B derselbe bleibt.

Wenn wir nun einen Fall annehmen, in welchem C — c einem Zolle gleich, und die Schnelligkeit der Kugel nach dieser Sehne berechnet sei: so wird die Geschwindigkeit in jedem andern Falle, in welchem C — c größer oder kleiner als ein Zoll ist, durch die Multiplication der Verschiedenheiten der Sehnen C und c mit der Schnelligkeit, welche der Verschiedenheit eines Zolles entspricht, gefunden werden.

Da die Länge der gleichlaufenden Stangen, bei welchen das Rohr aufgehangen ist, 64 Zoll beträgt, die Geschwindigkeit des Rücklaufes aber C — c = 1 Zoll, auf dem Schwungbande gemessen, entspricht, so ist solche in diesem Falle ein 0,204655 Theil eines Fußes in der Secunde, und dies ist also in solchem Falle der Werth von V — U. Die Geschwindigkeit der Kugel ist daher v = 0,204655 × 579,31 = 118,35 Fuß in einer Secunde.

Folglich wird die Geschwindigkeit der Kugel, in Fußen während der Secunde ausgedrückt, in allen Fällen gefunden werden durch die Vervielfältigung des Unterschiedes des Bogens C und c, mit 118,35, dem Gewichte des Rohres, der Länge der Stangen, an welchen es aufgehangen, und dem Gewichte der Kugel, welches immer das nämliche bleibt. Und dies wird der Fall sein bei jeder Pulverladung, von welcher Stärke und Güte solche auch sein möge.

Nach diesen Regeln sind die Geschwindigkeiten der Kugeln in den folgenden Versuchen durch den Rücklauf berechnet worden, und wenn man solche mit den Geschwindigkeiten vergleicht, welche der Pendel zeigt, so wird man dadurch von dem hohen Grade der Genauigkeit dieser Berechnungsart überführt werden.

In dem 76. und 77. Versuche, wo das Stück mit 145 Gran Pulver und einer Kugel abgefeuert ward, betrug der Rücklauf 13,25 und 13,15, oder 13,2 als Mittelmaß. Mit der nämlichen Pulverladung, aber ohne Kugel, bestand der Rücklauf in 4,5 und 4,3, oder nach Mittelmaß 4,4. (Siehe den 84. und 93. Versuch.) C — c ist daher 13,2 — 4,4 = 8,8 Zoll, und die Geschwindigkeit der Kugel = 8,8 × 118,35 = 1045 Fuß in einer Secunde.

Die Mittelgeschwindigkeit, sowie solche der Pendel nachwies, beträgt 1040 Fuß in einer Secunde.

In dem 104. und 105. Versuche war der Rücklauf 12,92 und 13,28, sowie die Geschwindigkeit, von dem Mittel dieser Sehnen berechnet, 1030 Fuß in der Secunde; die Geschwindigkeit aber, welche der Pendel nachwies, nicht größer war, als

900 Fuß in der Secunde. Da der Rücklauf dem des 76. und 77. Versuches so sehr gleicht, wo nämlich die Geschwindigkeit, welche am Bande des Rücklaufes, und diejenige, welche der Pendel nachgewiesen, fast genau die nämlichen waren: so vermuthe ich einigen Irrthum bei der Bestimmung der Geschwindigkeit des Pendels in den letzten Versuchen und glaube, daß man daher meistens auf die Geschwindigkeiten des Rücklaufes sich verlassen dürfe.

Mit 290 Gran Pulver, oder dem halben Kugelgewicht Pulver, war in dem 48., 49. und 50. Versuche der Rücklauf 22,58, 22,92 und 22,38. Der Rücklauf mit der nämlichen Pulverladung ohne Kugel nach dem Mittelmaß des 60. und 99. Versuches betrug 10,66.

Das Mittelmaß der Geschwindigkeiten der Kugel ist daher durch den Rücklauf berechnet 1416 Fuß in der Secunde, die Geschwindigkeit aber durch den Pendel nachgewiesen 1427 Fuß in der Secunde, welcher Unterschied unbedeutend ist.

Das Mittelmaß der Geschwindigkeiten des 109., 110., 111. und 112. Versuches ergibt beim Rücklaufe 1464, und bei dem Pendel 1444 Fuß in einer Secunde.

Mit 330 Gran Pulver waren die Geschwindigkeiten der Kugeln, wie folgt:

	Zündloch auf 0.	Zündloch auf 1,3.	Zündloch auf 2,6.
Beim Rücklauf	1543	1620	1610
Beim Pendel	1594	1625	1528.

Siehe den 62., 63., 64., 65., 66., 67. und 17. Versuch.

Die Gleichförmigkeit des Rücklaufes war in allen Fällen überraschend.

So war in der ersten Reihe von den mit 290 Gran Pulver gemachten Versuchen (dem 48. bis 57.) der Rücklauf wie folgt:

	Zündloch auf 0.	Zündloch auf 1,3.	Zündloch auf 2,6.
	22,58	23,21	23,06
	22,92	23,76	23,26
	22,38	23,06	23,26
	—	—	23,56
	3)67,88	3)70,03	4)93,14
Mittelmaß =	22,626	23,343 und	23,285.

Wenn wir nun das Mittelmaß des 60. und 99. Versuches annehmen und den Rücklauf ohne Kugel 10,66 gelten lassen, so wird wie zuvor die Geschwindigkeit ausfallen:

	Zündloch auf 0.	Zündloch auf 1,3.	Zündloch auf 2,6.
Beim Rücklaufe	1416	1501	1494
Und bei dem Pendel	1427	1493	1494
Der Unterschied ist nur	— 11	+ 8	+ 34

Der Rücklauf war gleichfalls regelmäßig in dem 117. Versuche und den fünf folgenden, wenn die Ladung nicht weniger als 437½ Gran Pulver betrug, sowie auch die Geschwindigkeiten der Kugeln nach dem Rücklaufe fast die nämlichen waren als die nach dem Pendel.

So bestand der Rücklauf im 117., 118., 119. Versuche im Mittelmaß in 33,3, und im 120., 121., 122. Versuche in 32,866.

Wenn wir daher den Rücklauf ohne Kugel 17,9 annehmen, sowie er durch den 123. Versuch bestimmt war, welcher gleich nach dem vorher erwähnten Versuche angestellt wurde: so werden die Geschwindigkeiten folgende sein:

	Zündloch auf 0.	Zündloch auf 2,6.
Beim Rücklaufe	1822	1771
Und beim Pendel	1764	1751
Der Unterschied besteht nur in	+ 58 und	+ 20 Fuß

in einer Secunde, welches weniger ist, als oftmals die Wiederholung des nämlichen Versuches ergab.

In dem 11., 12., 13. und 14. Versuche, wo das Rohr mit 310 Gran Pulver und einer Kugel abgefeuert ward, betrug der Rücklauf 24,69, 24,95, 24,9 und 24,9, in dem 15., 16., 18. und 19 Versuche aber mit 330 Gran Pulver betrug der Rücklauf 26,2, 26,2, 26,3 und 26,4.

Die Übereinstimmung dieser Zahlen ist überraschend, und obgleich wir die Geschwindigkeit der Kugeln nach beiden Methoden nicht, sowie in andern Fällen, haben vergleichen können (es ist aus Gründen zu vermuthen, daß die Geschwindigkeiten, welche die Tabellen angeben, nicht ganz zuverlässig sind; auch ist der Rücklauf mit einer Pulverladung von 310 Gran ohne Kugel unbekannt geblieben), so ergibt dennoch die Gleichmäßigkeit des Rücklaufes in diesen Versuchen, daß die Weise, die Geschwindigkeiten der Kugel zu bestimmen, als möglichst genau zu betrachten sei.

Unter allen Versuchen aber liefern der 84. bis 92. die strengsten Beweise für die Genauigkeit dieser Methode. Bei diesen ward jede erdenkliche Vorsicht angewendet, um Fehler zu vermeiden, die zufällige Umstände herbeiführen konnten; auch waren das Gewicht der Kugeln und ihre Geschwindigkeiten so wechselnd, daß das übereinstimmende Zusammentreffen beider Methoden in diesen Proben demnach fast zum strengen Beweise der Wahrheit der Grundlehren, auf welche diese neue Methode gebaut ist, wird dienen können.

Die folgende Tabelle zeigt leicht übersichtlich das Ergebniß dieser Versuche:

Versuche.	Gewicht der Kugel.	Das Rohr schwerer als die Kugel.	Der Rücklauf.	Geschwindigkeit der Kugel. Bei dem Rücklaufe.	Geschwindigkeit der Kugel. Bei dem Pendel.	Unterschied.
	Gran.	$\frac{W}{B}$ =	C =	v =	v =	
84. u. 93.	—	—	(c = 4,4)	—	—	—
85.	90	3733,3	7,16	2109	1763	+ 346
86.	251	1338,6	9,62	1430	1317	+ 113
87.	354	949,15	11,03	1288	1136	+ 152
88.	600	560	15,22	1240	1229	+ 11
89.	603	557,22	15,13	1224	1229	+ 5
90.	1184	283,78	21,92	1017	978	— 39
91.	1754	191,56	27,18	893	916	— 23
92.	2352	141,86	32,25	812	833	— 21

Die Pulverladung bestand bei jedem Versuche in 145 Gran Gewicht. Um aber auf eine mehr in die Augen fallende Weise die Ergebnisse von diesen Versuchen zeigen zu können, sowie die Vergleichung beider Methoden, wodurch die Geschwindigkeiten erwiesen werden, habe ich die Zeichnung der 16. Figur entworfen, wo die Zahlen auf der Linie A B von A gegen B, und zwar nach dem

Verhältniß zu dem Gewichte der Kugeln, angenommen sind, während die Linien, welche von diesen Zahlen senkrecht von A B (wie z. B. w, v in der Zahl 2352) gezogen sind und bei der Krummlinie c d endigen, die Geschwindigkeiten ausdrücken, welche der Pendel nachweist. Die Fortsetzung dieser Linien an der entgegengesetzten Seite von der Linie A B zeigt den Rücklauf, und auch die Geschwindigkeiten der Kugel, als von dorther bestimmt, sowie w r und die punktirten, mit ihr gleichlaufenden Linien, welche an der Linie g f auslaufen, den Rücklauf anzeigen; derjenige Theil von jeder dieser Linien, der einbegriffen ist zwischen der Linie A B und der Krummlinie m n (wie w u), verhält sich so wie die Geschwindigkeit der Kugel in den verschiedenen Versuchen.

Die Linie A e bezeichnet das Gewicht der Pulverladung, und die Linie A m die Geschwindigkeit, mit welcher der springfähige Dampf aus dem Rohre entweicht, wenn das Pulver ohne Kugel abgefeuert wird.

Die Betrachtung dieser Figur (16) ebenso wie die Ansicht der vorhergehenden Tabelle ergeben, daß die durch beide Methoden bestimmten Geschwindigkeiten mit großer Genauigkeit in allen nach dem 87. Versuche gemachten Versuchen übereinstimmen, sowie hingegen im 87. und im 86., vorzüglich aber im 85., der Unterschied in den Ergebnissen der beiden Methoden sehr bedeutend ist. Es ist dabei bemerkenswerth, daß in denjenigen Versuchen, in welchen sie am meisten von einander abweichen, die Geschwindigkeiten der Kugeln, wie solche der Pendel ergibt, sehr unregelmäßig sind; während andererseits die stufenweise Zunahme des Rücklaufes, je nachdem die Kugeln schwerer waren, und die große Regelmäßigkeit in den entsprechenden Geschwindigkeiten schließen lassen, daß diese Nichtübereinstimmung nicht irgend einer Nachlässigkeit oder Unsicherheit der Methode zugerechnet werden mag, sondern irgend einer andern Ursache, welche wir zu ermitteln bemüht sein werden.

Doch bevor wir zu dieser Forschung schreiten, wollen wir die fünf letzten Versuche der vorhergehenden Tabelle absondern; und wir werden, wenn wir die Geschwindigkeiten, welche durch beide Methoden bestimmt wurden, zusammengezählt haben, zwar deren

Unterschied, aber doch im Ganzen Übereinstimmung wahrnehmen können.

Versuche.	Gewicht der Kugel. Gran.	Geschwindigkeit beim Rücklaufe.	Geschwindigkeit beim Pendel.	Unterschied.
88.	600	1240	1229	+ 11
89.	603	1224	1229	— 5
90.	1184	1017	978	+ 39
91.	1754	893	916	— 23
92.	2352	812	833	— 21
Summen und Unterschiede der Geschwindigkeiten		5186	5185	+ 1

Hier steigt der Unterschied in dem Ergebnisse der beiden Methoden nicht auf $\frac{1}{5000}$ Theil der ganzen Geschwindigkeit; dennoch lege ich keine besondere Wichtigkeit auf diesen außerordentlichen Beweis und bekenne vielmehr, daß er in gewissem Grade zufällig gewesen sein kann. Da aber der Unterschied in den Geschwindigkeiten, nach diesen beiden Methoden berechnet, auf keinen Fall so bedeutend und in keiner Art so groß war, als häufig bei den allersorgfältigsten Wiederholungen der nämlichen Versuche; und da auch die Geschwindigkeiten, sowie sie durch den Rücklauf angegeben, weit regelmäßiger erscheinen als jene, welche der Pendel zeigte (wie man aus der Vergleichung der Krummlinien g f und m n, Fig. 16, mit der gebogenen Linie c d ersehen kann): so meine ich, daß daraus die Sicherheit dieser neuen Methode unbedingt hervorgehe.

Der größte Unterschied in den Geschwindigkeiten, welche beide Methoden ergeben, erscheint beim 85. Versuche, wo die Geschwindigkeit aus dem Rücklaufe bestimmt die durch den Pendel angegebene um 346 Fuß in der Secunde übertrifft, indem die erstere 2109 Fuß, die letztere aber nur 1763 in der Secunde betrug. Auch in den zwei darauf folgenden Versuchen waren die durch den Pendel nachgewiesenen Geschwindigkeiten mangelhaft, jedoch nicht in einem so hohen Grade.

Von diesen scheinbaren Mängeln haben wir jetzt Rechenschaft zu geben. Es darf zuvörderst nicht vorausgesetzt werden, daß sie aus der von Robins angegebenen Methode der Berechnung entspringen, denn diese beruht auf solchen Grundlehren, die keinem Zweifel über die Genauigkeit Raum geben, sowie auch die Handgriffsfehler bei den Versuchen, die weder gänzlich zu vermeiden noch genau auszugleichen sind, im Ganzen von zu geringer Bedeutung sind, um daraus den Unterschied der in Rede stehenden Geschwindigkeiten herzuleiten.

Es ist zwar wahrscheinlich, daß die Wirkung dieser Fehler sich öfter bei Versuchen zeigt, die unter den hier vorhandenen Umständen gemacht wurden, als in einem andern Falle, da die Kugeln sehr leicht waren, und der Bogen des aufsteigenden Pendels nur gering, daher ein geringes Versehen beim Vermessen der Sehne auf dem Bande einen bedeutenden Fehler bei der Berechnung der Geschwindigkeiten hervorbringen mußte; so zwar, daß der Unterschied eines Zehntheiles von einem Zolle mehr oder weniger auf dem Bande in dem 85. Versuche einen Unterschied der Geschwindigkeit von mehr als 120 Fuß in der Secunde gemacht haben würde.

Aber auch abgesehen von der angewandten Mühe, Mißgriffen zu begegnen, führt doch die auffallende Übereinstimmung in beiden Methoden bei den darauf folgenden Versuchen, sowie allenthalben, wo Vergleichung möglich war, auf den untrüglichen Schluß, daß die etwa entstandenen Fehler nur unbedeutenden Einfluß haben können. Der Unterschied der Geschwindigkeiten, wie ihn diese Versuche ergeben, dürfte daher allein durch den Widerstand der Luft, welchen die Kugel auf ihrem Wege aus der Mündung nach dem Pendel zu überwinden hat, erklärt werden können.

Um jedoch jedem fernern Zweifel zu begegnen, wollen wir den Widerstand erwägen, welchen die Kugeln gefunden haben, und um wie viel sie in ihrer Geschwindigkeit dadurch verloren haben.

Das Gewicht der Kugel (in dem 85. Versuche) betrug 90 Gran, ihr Durchmesser 0,78 eines Zolles, und sie wurde in einer Secunde mit der Geschwindigkeit von 2109 Fuß fortgetrieben.

Stellen wir nun eine Berechnung nach Newton's Methode an, wie er solche zur Berechnung comprimirter Flüssigkeiten vorschreibt: so werden wir finden, daß der Widerstand gegen diese

Kugeln nicht weniger als 8½ Pfund Krämergewicht betrug, welches etwas weniges mehr als 660 ihres eigenen Gewichts austrägt.

Es hat aber Robins durch Erfahrungen bewiesen, daß der Widerstand der Luft gegen Körper, welche sich sehr schnell in ihr fortbewegen, beinahe dreimal größer sei, als Newton bestimmt hatte. Und da die Geschwindigkeit, mit welcher diese Kugel ausgetrieben worden, bedeutend größer ist als eine in Robins's Versuchen: so ist es höchst wahrscheinlich, daß der Widerstand in diesem Falle zum wenigsten 2000 mal größer als das Gewicht der Kugel gewesen sei.

Die Entfernung von der Mündung des Rohres zu dem Pendel betrug, wie gesagt, 12 Fuß, da jedoch zu vermuthen steht, daß der Dunst des Pulvers, welcher immer der Kugel folgt, seine Wirkung auf solche noch eine Zeitlang, selbst nachdem solche die Röhre schon verlassen hat, ausübt und sonach großentheils der Wirkung der Luft das Gleichgewicht hält, oder ihr wenigstens entgegenarbeitet: so wollen wir annehmen, daß der Widerstand der Luft nicht früher anfängt, oder vielmehr daß die Bewegung der Kugel nicht eher verringert wird, bis solche nicht wenigstens zwei Fuß von der Mündung entfernt ist.

Die Entfernung zwischen dem Rohre und dem Pendel muß daher statt zu 12 Fuß nur zu 10 angenommen werden, und weil die Kugel fast $\frac{1}{192}$ Theil einer Secunde, um diesen Raum zu durchlaufen, hinwegnimmt, so muß solche in dieser Zeit eine Geschwindigkeit von ungefähr 335 Fuß in der Secunde verloren haben, wie die Berechnung ergeben wird; und dieses wird daher ziemlich genau als Ursache der scheinbaren Verminderung der Schnelligkeit gelten können, weil der Unterschied der Geschwindigkeiten, wie solche durch Rücklauf und Pendel bestimmt werden, = 2109 Fuß — 1763 = 346 Fuß in einer Secunde beträgt, also der Verminderung derselben durch den hier ermittelten Widerstand ziemlich gleich ist.

Würde nun die Verminderung der Geschwindigkeit in den beiden nachfolgenden Versuchen in gleicher Art berechnet, so wird solche in dem 86. Versuche ausfallen = 65 Fuß in einer Secunde, und im 87. = 33 Fuß in der Secunde ergeben. Nimmt man aber diese Verbesserungen an, so wird die Vergleichung der beiden Methoden, die Geschwindigkeiten zu ergründen, sich folgendergestalt verhalten:

	85. Vers.	86. Vers.	87. Vers.
Geschwindigkeiten des Pendels	1763	1317	1136
Hierzu gerechnet: die Verminderung der Geschwindigkeiten durch den Widerstand der Luft	335	65	33
Macht zusammen	2098	1382	1169
Geschwindigkeit des Rücklaufes . .	2109	1430	1288
Der Unterschied = ...	+ 11	+ 48	+ 119

Ungeachtet dieser Verbesserungen scheint es doch, daß die Angabe der Geschwindigkeiten im 86. und 87. Versuche, besonders aber in dem letzten, da solche durch den Pendel bestimmt wurden, noch immer sehr mangelhaft sei. Die offenbare Unrichtigkeit der Geschwindigkeit in diesen Fällen läßt jedoch vermuthen, daß solche irgend einer zufälligen Ursache zuzuschreiben sei, und also wenig auf die Ergebnisse dieser Versuche zu bauen ist. Ich wage daher auch hierüber nichts zu bestimmen, vermuthe jedoch, daß solche aus dem Zerbröckeln der Kugeln im Laufe, welche durch die Kraft des Ausbruchs bewirkt wird, herrühre, weil diese Kugeln aus Blei bestanden, welche in leichte Kugeln von Gyps eingeschlossen waren. Ich erinnere mich auch wol, kleine Bruchstücke von Gyps, an der Seite des Pendels hingestreut, bemerkt zu haben, welchem Umstande ich damals wenig Aufmerksamkeit schenkte, da ich natürlicherweise schloß, daß jene von dem Bruche der Kugel, indem sie in das Schild des Pendels eingeschlagen hatte, entstanden, und daß diese kleinen Stücke Gyps aus dem Loche, in welches die Kugel gedrungen war, gefallen seien. Wären aber die Kugeln beim Feuern wenn auch nicht völlig zerstückelt, doch wenigstens stark zerquetscht, und der sie umgebende Gyps, oder ein Theil desselben, vom Blei getrennt worden, so dürfte sich aus dieser Verwandlung ihrer Gestalt ein Zuwachs von Widerstand entnehmen lassen, ja sogar ihre anfänglichen Geschwindigkeiten möchten dadurch gehemmt werden, denn indem sie sich aus der Rundform in eine andere Gestalt verwandeln, würden sie auch nicht den Hohlraum ausfüllen, und ein Theil der Kraft durch den entstandenen Spielraum verloren gehen.

Daß dieses im 87. Versuche wirklich erfolgte, ist sehr wahrscheinlich, da die Geschwindigkeit, mit welcher die Kugel dem Rücklaufe nach ausgetrieben wurde, weit geringer in diesem Versuche, verglichen mit allen übrigen, sich gezeigt hat, wie man leicht aus dem Bug der Linie m n, in Fig. 16, abnehmen kann.

Nachdem ich für den Widerstand der Luft in diesen Versuchen eine Zurechnung gestattet habe, so werde ich das Nämliche auch in allen andern Fällen beobachten, obgleich die dadurch bewirkte Verminderung der Geschwindigkeiten nach allem Vorhergehenden wenig Beachtung zu verdienen scheint.

So z. B. in den Versuchen mit einer Unze Pulver, und wenn die Geschwindigkeit der Kugel in einer Secunde über 1750 betrug, verringerte sich solche um nicht viel mehr als 25 oder 30 Fuß in der Secunde, wobei wir annehmen, der volle Widerstand habe erst in der Nähe von 2 Fuß von der Mündung des Rohres angefangen. In allen Fällen aber, wo die Geschwindigkeiten geringer waren, war die Wirkung des Widerstandes in einem weit größeren Verhältnisse geringer, und es ist daher zu glauben, daß die Verminderung der Geschwindigkeit zu groß von uns angegeben worden, denn die Flamme des Pulvers verbreitet sich mit einer solchen erstaunlichen Raschheit, daß solche muthmaßlich kaum der Kugel folgen und auf solche weiter als 2 Fuß zu wirken fortfahren wird, oder allenfalls bis auf 4 Fuß von dem Rohre; wenn aber die Geschwindigkeit der Kugel geringer ist, so muß auch die Nachwirkung auf diese in merklich größere Entfernung stattfinden.

Bei 218 Gran Pulver scheint der Rücklauf ziemlich gleichförmig zu sein. Der 40. und die 7 folgenden Versuche, wo die Geschwindigkeiten der Kugeln durch den Rücklauf bestimmt wurden, ergeben jedoch eine auffallende Verschiedenheit, verglichen mit dem Rücklaufe beim 72. und 73. Versuche, wo die gleiche Ladung ohne Kugel angewendet worden, wie wir aus der Berechnung ersehen werden:

	Zündloch auf 0	Zündloch auf 1,3
Der Rücklauf in dem	40. Vers. betrug 18,	und in dem 43. Vers. 18,3
	41. — — 17,71	— — 44. — 18,35
	42. — — 17,91	— — 45. — 18,35
	47. — — 18,1	— — 46. — 18,35
	4) 71,72	4) 73,35
	Mittel = 17,93	und 18,34

In dem 72. und 73. Versuche war der Rücklauf mit derselben Ladung ohne Kugel 8,72 und 8,47 = 8,595 als Durchschnitt, woher auch die Geschwindigkeiten so ausfielen:

	Zündloch auf 0		Zündloch auf 1,3	
Beim Rücklaufe	1105		1158	
Anstatt von	1225	und	1276,	wie der Pendel es nachwies.
Der Unterschied	120	und	123	Fuß in einer Secunde

steigt beinahe zu einem Zwölftheil der ganzen Geschwindigkeit.

Dieser Unterschied rührt ohne Zweifel daher, daß der Rücklauf ohne Kugel zu groß angenommen worden ist; denn er ist nicht nur größer, als nöthig ist, um der Geschwindigkeit der Kugel zu entsprechen; sondern er ist sogar bedeutend größer nach Verhältniß als bei jeder andern Ladung.

So	bestand	mit	145	Gran	Pulver	der	Rücklauf	in	4,4
—	—	—	165	—	—	—	—		5,55
—	—	—	290	—	—	—	—		10,66
—	—	—	330	—	—	—	—		12,7
	und	mit	437½	—	—	—	—		17,9

Und wenn der Rücklauf mit 218 Gran aus diesen Zahlen durch Einschaltung bestimmt worden ist, so kommt 7,5 heraus; mit diesem Werthe aber für C werden die Geschwindigkeiten der Kugeln in den vorgenannten Versuchen sich so stellen:

	Zündloch auf 0		Zündloch auf 1,3	
	1243	und	1283	beim Rücklauf,
indem durch den Pendel ungemein nahe gezeigt worden	1225	und	1276	

Es bleibt noch zu erinnern, daß der 72. und 73. Versuch,

bei der gegebenen Pulverladung und ohne Kugel, nicht an demselbem Tage mit den bemeldeten Versuchen gemacht worden, und daß bekanntlich die Kraft des Pulvers zu verschiedenen Zeiten verschieden wirkt. Es ist auch beachtenswerth, daß in diesen zwei Versuchen die Stärke des Dienstpulvers sich bei weitem am größten zeigte.

Hieraus wird sich ergeben, daß der Rücklauf in diesen Versuchen wahrscheinlicherweise aus irgend einer unbekannten Ursache größer gewesen ist, als er sein mußte, oder als er vielleicht gewesen, wenn die verschiedenen Versuche zu derselben Zeit, als die Versuche mit den Kugeln Statt fanden, gemacht worden wären, oder doch unter ganz gleichen Umständen.

Da mir diese Weise, die Geschwindigkeit der Kugeln zu bestimmen, nicht früher einfiel, als nachdem ich bereits den Rundkreis meiner Versuche beendigt und meine ganze Vorrichtung abgenommen hatte: so blieb es mir versagt, den Rücklauf mit und ohne Kugel mit dem höchsten Grade von Genauigkeit zu ermitteln.

Wäre es mir früher in den Sinn gekommen, oder hätte ich mich der folgenden Stelle in Robins's Grundlehren der Geschützkunde erinnert, nämlich:

„derjenige Theil des Rücklaufes, welcher aus der Dehnkraft des
„Pulvers allein entspringt, ist nicht stärker befunden worden,
„wenn er eine Bleikugel vor sich hertreibt, als wenn die nämliche Masse, ohne mit einem Werkpfropfen versehen und eingeschlossen zu seyn, sich entladet".

so wurde ich gewiß keine Mühe gespart haben, um den Thatbestand genau zu erforschen. Indeß ergibt sich aus allem Vorhergehenden so viel, daß nach aller Wahrscheinlichkeit die Geschwindigkeit der Kugeln stets mit möglichster Genauigkeit durch den Rücklauf bestimmt werden kann, und ich hoffe solches bald außer allen Zweifel zu setzen durch eine Reihe von Schlußversuchen, mit deren Vorbereitung ich bereits beschäftigt bin. Es leuchtet ein, daß, wenn diese Methode für Flintenkugeln entsprechend befunden werden sollte, dasselbe auch bei Anwendung von Kanonen- und Mörserkugeln des größten Durchmessers der Fall sein muß, und daß solche den Vorzug vor allen andern bisher bekannten erhalten muß; nicht allein weil sie bei jeder Art fortzutreibender Körper angewendet werden könnte, und zwar mit Leichtigkeit und Ersparniß der Kosten, sondern auch deshalb, weil hiernach die Geschwindigkeit, mit welcher die Kugeln wirklich fortgetrieben werden, sich bestimmen läßt, während durch den Pendel ihre Geschwindigkeiten nur allein auf eine gewisse Weite von dem Rohre erprobt werden können, und nur, nachdem solche einen Theil ihrer uranfänglichen Geschwindigkeit durch den Widerstand der Luft verloren haben, ehe sie zum Pendel gelangen.

Mit der geringen Ausgabe von 10 bis 15 Pfund Sterling könnte eine Vorrichtung hergestellt werden, um Versuche mit allen Gattungen von Dienstgeschützen zu machen.

Von der Art und Weise, Geschützpulver genau zu erproben.

Die Mangelhaftigkeit aller bisher üblichen Probircylinder ist allgemein bekannt, indem weder die eigentliche Kraft des Schießpulvers durch sie erprobt, noch eine Vergleichung gewonnen werden konnte zwischen den verschiedenen Gattungen, außer unter solchen Umständen, welche den dienstlichen Verhältnissen nicht entsprechen. Da die Kraft des Pulvers aus der Wirkung eines springfähigen Dampfes, vermittelst der Entzündung erzeugt, entsteht, so wird, je schneller die Ladung Feuer fängt, sich dieser Dampf auch um so rascher entwickeln, und um so größer dessen Wirkung auf die Kugel sein.

Bei den gewöhnlichen Arten, Pulver zu erproben, ist das Gewicht, welches das Pulver einschließt, im Verhältniß zu der Größe der Ladung so groß, daß zur gänzlichen Entzündung der Ladung, wenngleich das Pulver von der niedrigsten Zusammensetzung wäre, Zeit genug bleibt, bevor der in Bewegung zu setzende Körper merklich von seinem Platze getrieben werden mag.

Der Versuch kann daher zeigen, welche von zwei Pulvergattungen die stärkste sei, wenn gleichviel von beiden in gleiche Räume eingeschlossen und durchweg entzündet wird; es kann aber auf diesem Wege nicht der Grad der Entzündungsfähigkeit, als einer der vorzüglichsten Eigenschaften des Pulvers, erprobt werden.

Hieraus erklärt sich, wie Pulver die gewöhnlich übliche Probe bestehen und dennoch sich ganz anders beim Gebrauch im Dienste zeigen kann, wie es sich oft ereignet.

Endlich weiß ich, daß Klagen über das schlechte Pulver von unsern Officieren häufig geführt worden, obgleich sich voraussetzen läßt, daß niemals Pulver bei der Dienstbehörde angenommen wird, welches nicht die eingeführte Prüfung bestanden und dem gewöhnlichen Probestriche des Mustergrades der Stärke ganz entsprochen hat.

Denn wennauch die übliche Versuchsvorrichtung das Pulver häufig besser erscheinen läßt, als es in der That ist: so kann doch der umgekehrte Fall nicht eintreten. Es werden daher die Pulverfabrikanten stets der alten Probeart anhängen, der Käufer hingegen wird seine Rechnung besser finden, wenn es auf genauere Art erprobt wird.

Die Manier, welche ich empfehlen würde, ist folgende:

Von einer gewissen Menge Pulver, welches nach einer kurz vorher vorgenommenen Prüfung einen hinlänglichen Grad von Stärke zeigt, um als Muster bei der Erprobung anderer Pulverarten dienen zu können, wird eine gegebene Ladung mit einer gut anpassenden Kugel aus einem an zwei Pendelstangenruthen hangenden Rohre nach der oben beschriebenen Art abgefeuert, wobei auch der Rückschwung sorgfältig auf dem Bande gemessen wird. Bei diesem Versuche nun, wenn er mehrmals gemacht worden, und sich ein beträchtlicher Unterschied in dem Rücklaufe gefunden hat, werden das Mittel und die äußersten Enden der Sehnen auf dem Bande mit schwarzen Querlinien bezeichnet, und das Wort „Probe" auf die Mittellinie geschrieben. Oder wenn der Rücklauf gleichförmig gewesen wäre, welches eintreten wird, wenn die Versuche sorgfältig, stets unter gleichen Umständen gemacht werden: so muß das Probezeichen auf demjenigen Theile des Bandes gemacht werden, bis zu welchem es jedesmal durch den Rücklauf ausgezogen ward.

Indem der Rücklauf dergestalt mit einer bekannten Ladung von Musterpulver ermittelt und auf dem Bande verzeichnet worden, wird eine gleiche Menge von dem andern zu erprobenden Pulver aus demselben Rohre mit einer Kugel vom nämlichen Gewicht, unter ganz gleichen Umständen, abgefeuert. Wenn darauf das Band so weit oder noch weiter, als das Probezeichen reicht, herausgezogen werden sollte: so ist das Pulver gut oder noch besser als das Musterpulver, im entgegengesetzten Falle aber schlechter.

Je größer nun die Schnelligkeit ist, mit welcher eine Kugel ausgetrieben wird, desto größer wird der Rücklauf sein; ist aber der Rücklauf der nämliche, so sind die Geschwindigkeiten der Kugel ganz gleich, und das Pulver zeigt den nämlichen Grad der Stärke, wenn die Größe der Ladung dieselbe ist.

Hat man Sorgfalt darauf verwendet, die Ladung zu dem Gewichte der Kugel in ein richtiges Verhältniß zu bringen und so nahe als möglich zu dem mittlern Verhältniß der Ausübung zu gelangen, so wird man unfehlbare Überzeugung von der Güte des Pulvers erlangen.

Die 14. Figur zeigt die in Rede stehende Probirvorrichtung, nach einem Maßstabe von einem Zolle auf den Fuß entworfen; a b ist der aufgehängte Lauf an den Pendelruthen c d, und r ist das Band, worauf der Rücklauf gemessen wird.

Die Länge des Laufes ist 30 Zoll, und dessen Durchmesser 1 Zoll, folglich hat er gerade eine Länge von 30 Kugeln und trägt eine Bleikugel von etwas über 3 Unzen.

Das Rohr kann von Geschützgut oder auch von Schmiedeeisen verfertigt werden, aber es muß beim Ausbohren die größte Sorgfalt beachtet sein, und die Hohlung vollkommen gerade und glatt unter Beachtung der gehörigen Maße hergerichtet werden. Das Gewicht desselben muß stets 50 Pfund betragen, damit die Schnelligkeit des Rücklaufes nicht zu groß ausfalle. Die Stangenruthen, an welchen es hängt, müssen 5 Fuß lang sein.

Das Zündloch kann ein Zwanzigstel eines Zolles im Durchmesser betragen und muß mit Gold ausgemündet werden, wie bei den Zündpfannen der bessern Vogelflinten, damit bei wiederholtem Abfeuern die Öffnung nicht erweitert werde.

Die Kugeln müssen dem Laufe genau angepaßt werden, damit solche keinen Wendegang nehmen, weshalb sie am zweckmäßigsten in der nämlichen Form und von demselben Stücke Blei zu gießen sind, um Gewicht und Masse stets gleichförmig zu erhalten.

Die bestimmte Pulverladung, etwa eine halbe Unze, muß immer in einer Hülse vom feinsten Papier befindlich sein, und nachdem das Rohr geladen ist, Zündkraut von anderm Pulver eingedrückt, und zugleich mit einer Räumnadel die Hülse durch das Zündloch aufgeritzt werden.

Da es sich auch aus verschiedenen Versuchen ergeben hat, daß das stärkere oder geringere Einrammen des Pulvers eine fast augenscheinliche Wirkung auf die Mehr- oder Minderkraft hervorbringt: so wird, um jeder Unrichtigkeit dieser Art zuvorzukommen, ein Ladestock, wie ihn Figur 15 zeigt, in Anwendung gebracht.

Dieser ist zwar von einem runden Stücke Holz nach Art der gewöhnlichen Ladestöcke gemacht, jedoch mit einem Ringe C versehen, welcher 1½ oder 2 Zoll im Durchmesser hält und in einer bestimmten Entfernung von dem Ende (a) angebracht ist, um den Ladestock nicht zu tief hineinzustoß en

Dieser Ring kann übrigens von Holz oder Metall verfertigt werden.

Das andere Ende des Ladestockes (b) kann vom Ringe abwärts noch 31 oder 32 Zoll lang, dessen äußerste Spitze aber mit einer zweckdienlichen Hülle umgeben sein, um das Rohr nach jedem Versuche damit auszuwischen.

Die Vorrichtung (f) zu dem Bande, um es durchgleiten zu lassen, mag wol nach Hutton's Methode angefertigt werden, wie er sie in seinem Versuche, die anfänglichen Geschwindigkeiten großer Geschützkugeln zu erforschen, beschrieben hat, da solche besser ist als die von Robins angewendete.

Es wird auch zweckmäßiger sein, jede der Axen der Pendelruthen auf wagerechten Stücken Holz oder Eisen liegen, als sich in cirkelrunden Pfannen bewegen zu lassen. Man muß jedoch dafür sorgen, solche mit Schließhaken oder auf andere Weise am Mittelpunkte in ihrer Lage zu erhalten, um das Herab- oder Herausgleiten zu verhindern.

Die Schildzapfen, durch welche das Rohr mit den Pendelruthen zusammenhängt, und auf welche es gestützt ist, müssen so schmal als möglich sein, um die Reibung zu vermindern; auch müssen sie zu dem Ende ebenso wie die Zapfenlager fein abgeglättet werden.

Es ist nicht nothwendig, solche an das Rohr zu schmieden, sondern es genügt, sie mit Schrauben zu befestigen, nachdem jenes vollendet ist.

Während des Versuches muß sowol auf die Erhitzung des Rohres als auf den Wärmegrad der Luft Rücksicht genommen werden; denn Hitze und Kälte, Trockenheit und Feuchtigkeit haben sehr merklichen Einfluß auf die Wirkungen des Schießpulvers und die Erhöhung oder Minderung der Kraft desselben. Um aber den möglichsten Grad von Genauigkeit zu erlangen, wird es am vortheilhaftesten sein, das Rohr zwei- oder dreimal abzufeuern, damit es erwärmet werde, und darauf erst die Versuche mit Probepulver zu machen, um ein neues Probezeichen abstecken zu können, indem die Kraft des Pulvers verschieden ist an verschiedenen Tagen. Hierauf können die Versuche mit dem Pulver, welches erprobt werden soll, beginnen, wobei man genau dieselbe Zwischenzeit bei jedem Schusse einzuhalten hat, damit die Wärme des Rohres bei jeder Probe dieselbe sein möge.

Sind alle diese Vorsichtsmaßregeln getroffen, und sind die Kugeln alle von demselben Gewichte und Maße, so wird die Probe als zuverlässig betrachtet werden können.

Vergleichung der Güte oder des Werthes von Pulvergattungen verschiedener Stärke.

Setze man nun V als die Geschwindigkeit der Kugel mit starkem Pulver abgeschossen, und v gleich der Geschwindigkeit mit dem schwächern, bei gleichen Ladungen, gleichen Gewichten und Maßen der Kugeln und aus demselben Rohre geschossen.

Ist alsdann die Ladung verstärkt worden, wenn man von schwächerem Pulver Gebrauch macht, und zwar so lange, bis die Geschwindigkeit der Kugel von v zu V gewachsen ist, oder bis solche der vom starken Pulver erzeugten Geschwindigkeit gleich kommt: so kann man sagen, daß der Werth der Ladungen gleich, folglich das schwächere Pulver um so viel schlechter als das stärkere, oder in dem Verhältnisse von geringerem Werthe sei, als das Mehrgewicht beträgt, welches erfodert wird, um die gegebene Wirkung hervorzubringen.

Wir haben jedoch gesehen, daß die Geschwindigkeiten mit verschiedenen Quantitäten von der nämlichen Pulvergattung unter dem Doppelwerthe des Gewichtes der Ladungen stehen. Die Ladungen müssen sich daher verhalten wie die Quadrate der Geschwindigkeiten, und folglich auch die Ladung des schwächern Pulvers zu dem stärkern, wenn die Geschwindigkeiten gleich sind, sich verhalten wie VV zu vv.

Das schwächere Pulver ist daher um so viel schlechter als das stärkere, je nachdem VV größer ist als vv; oder die vergleichliche Güte des Pulvers von verschiedenen Stufen der Stärke verhält sich wie die Quadrate der Geschwindigkeiten der Kugeln, wenn die Ladungen gleich sind.

Die Mittelgeschwindigkeit der Kugeln, wie solche durch den Pendel in dem 104. und 105. Versuche gezeigt wird (wenn nämlich das Stück mit 145 Gran Dienstpulver abgeschossen ward), betrug 894 Fuß in einer Secunde, und mit derselben Menge von Doppel=Probefeldpulver (im 106. Versuche) 990 Fuß in der Secunde.

Nun verhalten sich die Quadrate dieser Geschwindigkeiten eins zum andern wie 1 zu 1,2263, oder nahe wie 5 zu 6.

Mit 218 Gran Dienstpulver ergaben vier Versuche, nämlich der 40., 41., 42. und 43., 1225 Fuß in einer Secunde; im 107. Versuche aber, wobei dieselbe Menge des Doppelprobepulvers angewendet ward, betrug die Geschwindigkeit 1380 Fuß in der Secunde; und so steht $\overline{1225}^2$ zu $\overline{1380}^2$ wie 1 zu 1,2691.

Mit 290 Gran Dienstpulver oder dem halben Gewichte der Kugel war die Mittelgeschwindigkeit (in den Versuchen 109, 110, 111 und 112) 1444 Fuß in einer Secunde, mit der nämlichen Menge Schlachtpulver 1) aber, nach dem 116. Versuche, 1525 Fuß in einer Secunde; $\overline{1444}^2$ verhält sich zu $\overline{1525}^2$ wie 1 zu 1,1153.

Nimmt man das Mittel bei diesen Proben, so ergibt sich, daß Doppelprobepulver besser als Dienstpulver, und zwar im Verhältniß wie 1,2036 zu 1, oder nahe wie 6 zu 5 stehe.

---

1) Dies Pulver wird Schlachtpulver genannt, nicht weil es vorzugsweise zur Schlacht oder im Felde allein gebraucht wird, sondern von Battle, dem Namen eines Dorfes in Kent, als woselbst diese Gattung Pulver verfertigt wird.

Wenn wir aber, anstatt das Pulver abzuwiegen, die Menge der Ladung durch Abmessen anschlagen, oder es durch den Raum, welchen es in dem Rohre einnimmt, abschätzen, so wird die vergleichbare Stärke des sogenannten Schlachtpulvers um ein Beträchtliches größer sein, oder dessen Kraft wird sich zu dem Dienstpulver verhalten beinahe wie 4 zu 3; weil das Korn von jener bessern Pulvergattung viel dichter und fast linsenförmig ist, und daher auch eine größere Menge von demselben in irgend einem gegebenen Raume liegen kann, als von Dienstpulver, welches weniger dicht und von unregelmäßiger Form ist [1]).

Von dem Verhältniß der Geschwindigkeit der Kugeln zu deren Gewichte.

Nach den Lehrsätzen Robins's würden sich die Geschwindigkeiten von solchen Kugeln, die denselben Durchmesser bei verschiedenem Gewichte haben, aus demselben Laufe mit derselben Menge Pulver abgeschossen, in einem umgekehrten Verhältniß, wie die Quadratwurzeln von ihrem Gewichte, zu einander verhalten. Da aber diese Lehre auf die Voraussetzung begründet ist, daß die Wirkung des aus dem Pulver erzeugten springfähigen Dampfes, ohne Rücksicht auf das Gewicht der Kugel, stets dieselbe sei; da ferner keine Zurechnung für den Kraftaufwand gemacht worden, der erfoderlich ist, um den springfähigen Dampf in Bewegung zu setzen, oder für dessen Verlust durch das Zündloch: so ergibt sich hieraus die Unhaltbarkeit jenes Lehrsatzes. Doctor Hutton hat zwar seine Versuche auf denselben gegründet, ohne große Fehler zu begehen. Allein es begibt sich wol, daß bei Versuchen eine Reihe von Fehlern, deren Wirkungen entgegengesetzt sind, sich so unter einander aufheben, daß die Endresultate nicht merkbar von einander abweichen. Wenn jedoch eine von den Ursachen der Fehler entfernt worden, so werden die übriggebliebenen auch entdeckt werden. — Sobald irgend eine Ladung mit einer schweren Kugel versehen ist, so wird sich immer mehr Pul-

1) Hier folgt eine kurze Übersicht der Kosten für die Anfertigung des Dienstpulvers und den Ankauf des sogenannten Schlachtpulvers; da aber alles dies nur auf England und die dort üblichen Preise Bezug hat, so kann es hier nicht zum Maßstabe dienen. Anm. d. Übers.

ver in einem sehr kurzen Zeitraume entzünden als bei einer leichten Kugel, und die Wirkung des Pulvers im ersten Fall also größer sein. Dagegen fodert auch eine schwere Kugel für ihren Lauf durch die Seele mehr Zeit, und es entweicht daher mehr springfähiger Dampf durch das Zündloch und die Windungen als bei einer leichten.

Es kann daher wol kommen, daß die auf solche Weise entstehende Vermehrung der Kraft die Verminderung in der andern Rücksicht vollkommen aufwiege. Sollte nun die Prüfung bei Stücken von heutiger Construction unter allen Verschiedenheiten der Ladungen solche Ergebnisse darbieten, so wird es von großem Vortheil sein, diese Thatsache aufzuklären und, so weit es irgend thunlich, den Einfluß jedes mitwirkenden Umstandes, unter welchem ein Versuch gemacht worden, genau zu erforschen.

Es würde jedoch zu offenbaren Irrthümern führen, wenn man mit Robins nach dem Ergebnisse eines einzelnen Versuches übereilt voraussetzen wollte, daß, weil der Druck des springfähigen Dampfes auf die Kugel während der Zeit ihres Laufes durch die Seele derselbe bleibt, auch selbst bei Kugeln von verschiedenem Gewichte (welcher Gesammtdruck in allen Fällen im Ebenmaße zu der Geschwindigkeit steht und durch die Bewegung, welche der Kugel mitgetheilt ist, genau abgemessen wird), — deshalb der Druck auf einem jeden gegebenen Punkte des Laufes immer genau derselbe sein müsse, bleibe auch das Maß des Pulvers immer das nämliche; und wenn man hieraus beweisen wollte, daß die Entzündung des Pulvers augenblicklich erfolgt, oder daß die volle Ladung in allen Fällen entzündet und in den springfähigen Dampf verwandelt werde, noch bevor die Kugel merklich aus ihrer Lage geschoben worden.

Es ist unstreitig wahr, daß, wenn man Robins's Grundsätze über die Art, wie Schießpulver Feuer fängt, annimmt, und ebenso das Verhältniß der Dehnbarkeit des erzeugten Dampfes zu dessen Dichtigkeit, oder die innere Spannung des Druckes auf die Kugel, wie sich solche im Rohre äußert, als richtig, und den Verlust der Kraft durch das Zündloch und die Windungen in allen Fällen als gleichmäßig setzt, — alsdann die Folgerung aus jenem Lehrsatze, in Bezug auf die Geschwindigkeiten der Kugeln, Probe halten müßte.

Wenn hingegen bei sorgfältig angestellten Versuchen, unter Vermeidung aller Unrichtigkeiten, die möglicherweise entstehen konnten, gefunden wird, daß die Geschwindigkeiten ein abweichendes Gesetz befolgen, so ergibt sich jener Grundsatz als irrig.

Wir wollen nun betrachten, wie weit die Versuche sich von den Lehrsätzen entfernen.

Bei 84 bis zu 92 wurde verhütet, daß kein Theil der Kraft des Pulvers durch das Zündloch oder die Windungen verloren ging, und dabei alle erdenkliche Aufmerksamkeit auf Nebenumstände gerichtet, um die Versuche möglichst genau und entscheidend zu machen.

Es sind bereits die Mittel bemerkt, deren man sich bediente, um Kugeln zu gießen und sie der Seele anzupassen, und um dem Entweichen des springfähigen Dampfes durch das Zündloch vorzubeugen.

Die folgende Tabelle zeigt deren Ergebnisse. Die Pulverladung war stets dieselbe und betrug 145 Gran an Gewicht.

	Gewicht der Kugel.	Geschwindigkeit der Kugel.		
Versuch.		Wirkliche.	Berechnete.	Unterschied.
85.	90	2109	2109	
86.	251	1430	1262	+ 168
87.	354	1288	1063	+ 225
88.	600	1240	817	+ 423
89.	603	1224	815	+ 409
90.	1184	1017	581	+ 436
91.	1754	893	478	+ 415
92.	2352	812	413	+ 399

Die berechneten Geschwindigkeiten, wie solche diese Tabelle enthält, sind durch die wirkliche Geschwindigkeit der Kugeln sowol als auch durch den Rücklauf bestimmt worden. Auch ist in der letzten Abtheilung der Unterschied zwischen dem Versuch und dem Lehrsatze, oder die Anzahl der Fuße in einer Secunde angegeben, um welche die wirkliche Geschwindigkeit die berechnete übersteigt.

Damit wir aber auch diesen Gegenstand aus verschiedenen Gesichtspunkten betrachten können, wollen wir die Ordnung der Versuche umkehren und die berechneten Geschwindigkeiten aus den wirklichen Geschwindigkeiten im 92. Versuche bestimmen; auch die ganze oder gesammte Kraft, welche das Pulver auf die Kugel in diesem Versuche ausübt, gleich der Einheit machen; ferner die Gesammtkraft des Druckes in den andern Versuchen abhängig machen von dem Verhältnisse der wirklichen zu den berechneten Geschwindigkeiten: so wird die Tabelle Folgendes angeben:

	Gewicht der Kugel.	Geschwindigkeit der Kugel.			
Versuch.	Gran.	Wirkliche.	Berechnete.	Unterschied.	Ges. Druck.
92.	2352	812	812		1,0000
91.	1754	893	940	— 47	0,9020
90.	1184	1017	1145	— 128	0,7897
89.	603	1224	1604	— 380	0,5825
88.	600	1240	1608	— 368	0,5949
87.	354	1288	2093	— 805	0,3778
86.	251	1430	2486	— 1056	0,3310
85.	90	2109	4151	— 2042	0,2581

In der folgenden Abbildung soll AB die Axe des Rohres vorstellen, sowie AP die Länge des Raumes, der mit Pulver gefüllt ist, und an dem Punkte P soll die Senkrechte PH errichtet sein.

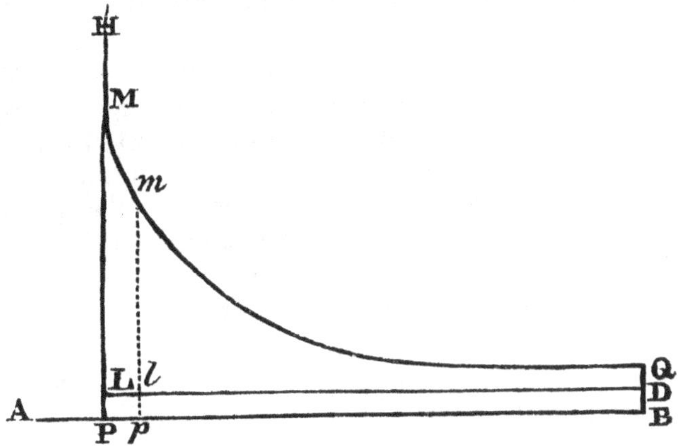

Hiernächst soll PL und PM von P nach H von solcher Größe sein, daß, indem PL die gleichmäßige Kraft der Schwere anzeigt, oder das Gewicht der Kugel, PM sein muß, wie die Kraft, welche das Pulver auf die Kugel in dem Augenblicke des Abbrennens ausübt.

Wenn wir nun annehmen, daß, während die Kugel von P sich nach B hinbewegt, die Linie PM oder pm mit ihr entlang geht, und daß der Punkt m stets so angenommen wird, daß die Linie pm sich zu pl oder zu PL wie die Kraft, welche in dem Punkte p auf die Kugel wirkt, zu ihrem Gewichte verhält, bis dahin, daß pm zusammentrifft mit QB: dann wird die Grundfläche PMQB zu der Grundfläche PLDB in dem doppelten Verhältnisse zu den Geschwindigkeiten stehen, welche die Kugel annehmen muß, wenn solche durch ihre eigene Schwere sich durch den Raum PB bewegt und zugleich von der Kraft des Pulvers hindurchgetrieben wird, wie solches Newton in seinen mathematischen Grundsätzen der Naturphilosophie, 1. Buch, Capitel 39., beweist.

Dasjenige nun, welches ich den Gesammtdruck des Pulvers auf die Kugel nenne, ist das Maß der Grundfläche PMQB, und es geht aus dem, was eben hier oben gesagt worden, klar hervor, daß ihr Maß in allen Fällen genau bestimmt werden könne, wenn das Gewicht und die Geschwindigkeit der Kugel bekannt ist.

Würde die ganze Pulverladung mit einem Male entzündet, oder auch nur bevor die Kugel von ihrem Platze merkbar fortgerückt ist, und wäre der Druck des erzeugten Dampfes immer gleich seiner Dichtigkeit, oder umgekehrt gleich dem Raume, welchen er einnimmt oder ausfüllt: dann würde die Linie MQ eine Hyperbel, und die Grundfläche PMQB immer die nämliche sein, sobald die Ladung auch die nämliche bliebe; und es würden folglich die Geschwindigkeiten der Kugeln sich umgekehrt verhalten wie die Quadratwurzeln ihres Gewichts.

Aus den oben gemeldeten Versuchen geht jedoch hervor, daß, wenn das Gewicht der Kugel viermal vergroßert ward, die Wirkung des Pulvers oder der Grundfläche PMQB sich beinahe verdoppelte; wurden ferner, wie im 92. Versuche, vier Kugeln mit einem Male abgeschossen, so war der Gesammtdruck gleich 1; wurde aber, wie im 89. Versuche, nur eine Kugel gebraucht, so war der Gesammtdruck nur wie 0,5825; sowie in dem 85., 86. und 87. Versuche bei noch leichtern Kugeln die Wirkung der Ladung sich stets verringerte.

Obgleich wir nun zwar mit vieler Gewißheit aus diesen Versuchen den Werth oder das Maß, nach welchem die Wirkung des Pulvers auf die Kugel vergrößert oder vermindert ward, dadurch bestimmen können, daß wir Gebrauch von Kugeln größern oder mindern Gewichts machen: so können wir jedoch daraus nicht die Beziehung (Verhältniß) der Springkraft des erzeugten Dampfes zu seiner Dichtigkeit angeben; ebenso wenig als die Menge des zu verschiedenen Zeitabschnitten entzündeten Pulvers, bevor oder nachdem die Kugel in dem Rohre in Bewegung trat.

Es wird aber, wenn die ganze Ladung, = 145 Gran an Gewicht, in dem 92. Versuche als entzündet angenommen worden ist, die Menge des in jedem der andern Versuche entzündeten Pulvers folgender Tabelle gemäß zu ersehen sein.

Versuch.	Gewicht der Kugel.	Schnelligkeit der Kugel.	Gesammte Kraft des Drucks.	Entzündet. Pulver. Gran.
85.	90	2109	0,2581	37
86.	251	1430	0,3310	48
87.	354	1288	0,3778	55
88.	600	1240	0,5949	86
89.	603	1224	0,5825	84
90.	1184	1017	0,7897	114
91.	1754	893	0,9020	131

Hier aber gibt es mancherlei Gründe, zu vermuthen, daß die Verminderung der Wirkung des Pulvers auf die Kugeln, wenn solche leichter sind, nicht sowol der geringern Pulvermenge, welche in solchem Falle entzündet wird, zuzuschreiben sei, als vielmehr der todten Kraft [1]) des erzeugten Dampfes.

1) Derjenigen nämlich, die jeder Veränderung des Zustandes widerstrebt.

Es ist zwar erwiesen, daß eine größere Menge Pulvers Feuer fängt und aufbrennt, wenn man sich schwerer Kugeln bedient, wie der oben erwähnte Versuch zeigt; doch war auf jeden Fall die Menge des unentzündeten Pulvers viel zu gering, um die augenscheinlich verminderte Kraft des Pulvers beim Gebrauch leichter Kugeln zu rechtfertigen.

Nur wenn der springfähige Dampf, der die Kraft des Pulvers ausmacht, ungewöhnlich fein wäre, oder dessen Gewicht nicht im Verhältniß zu dem Pulver, welches ihn erzeugt, stände, oder wenn die groben Überreste oder der Todtenkopf des Pulvers auf dem Boden des Laufes zurückbliebe: nur dann und unter keiner andern Voraussetzung würde sich der Druck auf die Kugel umgekehrt wie der Raum, welchen der Dampf einnimmt, verhalten; jedoch ist das Gegentheil hinlänglich erwiesen. Hier bietet sich nun die merkwürdige Frage dar, nämlich: ob es vortheilhaft sein würde, falls es möglich wäre, die eigenthümliche Schwere des Pulvers und des daraus erzeugten Dampfes zu verringern, ohne dessen Springkraft zu schwächen.

Es würde auf ganz leichte Kugeln allerdings mehr Kraft äußern; es ist aber Grund vorhanden, zu vermuthen, daß beim Gebrauch von schweren der größte Theil der Kraft durch das Zündloch und die Windungen verloren gehen müßte, falls nicht außerordentliche Vorrichtungen, dieses zu verhindern, getroffen werden könnten.

Die Geschwindigkeit, mit welcher springfähige Dämpfe in leere Räume dringen, ist direct gleich der Springfähigkeit des Dampfes, und umgekehrt gleich seiner Dichtigkeit. Wenn daher die Dichtigkeit des Dampfes, welche aus dem Pulver erzeugt wird, viermal geringer wäre als sie wirklich ist, dessen Springfähigkeit aber dieselbe bliebe: so würde er durch das Zündloch und an der Seite der Kugel entlang durch die Seele mit viermal so großer Geschwindigkeit, als er jetzt übt, entweichen; denn die Versuche zeigen, daß die Verminderung der Kraft in diesen Beziehungen jetzt schon sehr bedeutend ist.

In den Versuchen 76 und 77, wobei das Stück mit 145 Gran Pulver abgefeuert wurde, betrug die Geschwindigkeit der Kugeln im Durchschnitt 1040 Fuß in einer Secunde; aber in dem 88. und

89. Versuche, wo die Kugeln schwerer waren, und das Stück mit derselben Pulvermenge abgefeuert wurde, betrug die Durchschnittsgeschwindigkeit 1232 Fuß.

Der Unterschied nun, = 192 Fuß in einer Secunde, entspricht einem Unterschiede der Kraft, welcher in dem letzten Versuche größer als in dem ersten, und zwar in dem Verhältnisse von 14 zu 10 ausfiel.

Ich kann für diesen Unterschied keinen andern Weg der Rechenschaft angeben, als indem ich voraussetze, daß man solchen einzig dem Entweichen des elastischen Dampfes durch das Zündloch und die Windungen zuzuschreiben habe, und zwar in denjenigen Versuchen, wo das Zündloch offen geblieben, und die Kugel ungepflastert in den Lauf kam.

Ein elastischer Bogen von sehr leichtem Holze wird einen Pfeil, und besonders einen leichten, mit größerer Schnelligkeit abschießen als ein Stahlbogen bei demselben Grade der Spannung; aber für die Anwendung scheint es mir klar, daß Schießpulver als so leicht gedacht werden könnte, daß es ganz unbrauchbar werden würde, sowie für wahrscheinlich gehalten werden kann, daß es für manche Zwecke eben nicht unvortheilhafter sein würde, dasselbe stärker oder schwerer als gewöhnlich zu machen.

Zündlöcher sind in Feuergewehren unentbehrlich, sowie in größern Stücken die Windungen beträchtlich sein müssen, und zwar damit die Kugeln, welche nicht immer so rund sind, als sie sein sollen, nicht im Laufe Hemmung finden. Diejenigen, welche das Abfeuern schwerer Geschütze und großer Kessel mit Kugeln und Bomben beobachteten, müssen bemerkt haben, daß eine unverkennbare Pause zwischen dem Aufblitzen des Zündkrautes und dem Aufbrennen entsteht, und daß während dieser Zwischenzeit die Flamme ununterbrochen aus dem Zündloche mit zischendem Gesause fährt, sowie mit einer außerordentlichen Schnelligkeit, welches aus der Höhe, die der Feuerstrahl erreicht, abzunehmen ist.

Es ist daher auch klar, daß der Kraftverlust in dem Maße größer sein muß, je schwerer die abgefeuerte Kugel ist, sodaß es mir oft bedünkte, einen erheblichen Zeitunterschied zwischen dem Abbrennen des Zündkrautes und dem Auflodern der Ladung bemerkt zu haben, wenn mit Kugeln, oder wenn bloß mit Pulver geschossen ward, so nämlich, daß im erstern Falle mehr Zeit erfodert wurde.

Fast alle Schriftsteller über Schießpulver, besonders im letzten Jahrhunderte, geben verschiedene Vorschriften für Pulveranfertigung zu verschiedenem Gebrauch an; so z. B. nennen die Franzosen eine Gattung Flintenpulver, eine andere gemeines Kriegspulver, eine dritte Jagdpulver, und endlich eine vierte Feuerwerks- oder Kunstpulver, welche Gattungen alle aus Salpeter, Schwefel und Holzkohle in verschiedenen Mischungsverhältnissen zusammengesetzt sind.

Es ist nicht wahrscheinlich, daß diese Verschiedenheit in der Pulveranfertigung als Folge von Beobachtungen, daß eine Gattung tauglicher als die andere für gewisse Zwecke, entstanden sei, oder daß Versuche gemacht worden wären, solches zu ermitteln, wenngleich ein Umstand vorhanden ist, der uns zu dieser Meinung verleiten möchte. Das Pulver nämlich, dessen man sich für schwere Kanonen und Mörser bediente, war schwächer als das für kleine Feuergewehre, wobei als Grund sich ergibt, daß das schwächste Pulver, oder das schwerste im Verhältniß zu seiner ausdehnenden Kraft, tauglich gehalten wurde, um die schwersten Kugeln auszutreiben, und besonders bei unrichtig gegossenen Geschützen mit großen Zündlöchern und weiten Windungen. Ich übersehe indeß keinesweges, daß hier der Einwurf gemacht werden kann, daß dem aus dem Pulver erzeugten elastischen Dampfe beinahe dieselben Eigenschaften beiwohnen müssen, welche Mischungsverhältnisse auch immer vorwalten; daß daher der einzige denkbare Unterschied im Pulver darin bestehe, daß eine Gattung mehr elastischen Dampf entwickele als die andere; und daß, nachdem solcher einmal erzeugt ist, er auch in gleicher Art wirke, und gleichfalls, auf welchem Auswege es auch sei, mit gleicher Geschwindigkeit zu entweichen strebt. Aber hierauf erwiedere ich, daß, wenn auch das elastische Wesen unbezweifelt dasselbe ist, und wenn auch dessen Dichtigkeit und Springkraft in allen Fällen im Augenblicke seiner Erzeugung dieselben sind, doch im Aufbrennen die springfähigen und die nicht springfähigen Theile mit einander so vermischt und verwickelt sind, daß meiner Meinung nach der Dampf sich nicht ausdehnen kann, ohne die groben Bestände mit sich fortzureißen, und daß ferner die Heftigkeit, mit welcher die Flamme aus dem Zündloche schießt, der Elasticität des Dampfes, nebst der Dichtigkeit oder dem Gewichte desselben und den mit fortgerissenen Überresten (dem Todtenkopfe), und nicht allein der Springfähigkeit des Dampfes und dessen Dichtigkeit zuzuschreiben sei.

Wenn z. B. Spießglas, in ganz feines Pulver verwandelt, oder sonst ein schwerer Körper in einem beliebigen Gefäße mit Wasser vermengt und durch Herumrühren und Herumtreiben gleichsam schwebend erhalten wird, und wenn hierauf in dem Boden oder an der Seite des Gefäßes eine Öffnung gemacht wird: so kann das Wasser nicht ausfließen, ohne die Theile der darein gemischten festen Körper mitzuziehen. In derselben Art, stelle ich mir vor, müssen die festen Bestandtheile (d. h. die unverbrennlichen), welche nach dem Auflodern des Schießpulvers übrig bleiben, mit dem dadurch erzeugten elastischen Dampfe vorwärts entlang gezogen werden und, so fortgetrieben, dessen Bewegung verzögern.

Da nun aus diesen Versuchen hervorgeht, daß die Geschwindigkeiten der Kugeln zu ihrem Gewichte abweichend von Robins's Lehre sich zeigen: so bleibt uns jetzt die Untersuchung übrig, welches Gesetz als zuverlässig betrachtet werden müsse?

Da zuvörderst die Geschwindigkeiten in größerem Verhältniß zu einander stehen, als der gegenseitige, weniger als zweifache Werth des Gewichtes der Kugeln beträgt: so wollen wir erforschen, wie nahe sie zu dem wechselseitig weniger als dreifachen Werthe ihres Gewichtes zu stehen kommen würden.

Geschwindigkeiten der Kugeln.

Versuch.	Gewicht der Kugel.	Berechnet. Gegenseitiger minder als zweifacher Werth.	Fehler der Lehrsätze.	Wirklich.	Fehler der Lehrsätze.	Berechnet. Gegenseitiger minder als dreifacher Werth.
92.	2352	812	— —	812	— —	812
91.	1754	940	+ 47	893	+ 2	895
90.	1184	1145	+ 128	1017	+ 4	1021
89.	603	1604	+ 380	1224	+ 54	1278
88.	600	1608	+ 368	1240	+ 40	1280
87.	354	2093	+ 805	1288	+ 239	1527
86.	251	2486	+ 1056	1430	+ 282	1712
85.	90	4151	+ 2042	2109	+ 301	2410

Hier scheinen die nach der letzten Voraussetzung berechneten Geschwindigkeiten besser mit den wirklichen Versuchen zu stimmen als nach Robins's Grundsätzen, aber immer findet sich dessenungeachtet noch zwischen dem wirklichen und berechneten Ergebniß, besonders in den drei letzten in der Tabelle angeführten Versuchen, ein beträchtlicher Unterschied.

Da Pulver in sich selbst schwer ist, so mag es als ein Gewicht betrachtet werden, welches mit der Kugel vorwärts bewegt wird; und wenn wir annehmen, daß die Dichtigkeit des erzeugten Dampfes von der Kugel bis zur Schwanzschraube immer gleichförmig bleibt, so wird die Geschwindigkeit von der Mitte des Schwerpunktes des Pulvers, oder, was eins ist, von dem elastischen Dampfe und dem aus ihm übriggebliebenen Todtenkopfe, gerade halb so groß sein als die Geschwindigkeit der Kugel.

Wenn wir daher durch P das Gewicht des Pulvers bezeichnen, durch B das Gewicht der Kugel, und durch v dessen anfängliche Geschwindigkeit, so wird $Bv + \frac{1}{2}Pv = \overline{B + \frac{1}{2}P} + v$ den Nachdruck (die Stärke) der Ladung anzeigen, und zwar in dem Augenblicke, wenn die Kugel aus der Seele fährt. Und wenn wir nun, anstatt das Verhältniß der Geschwindigkeiten zu dem Gewichte der Kugel festzustellen, die Hälfte des Gewichtes des Pulvers zu dem Gewichte der Kugel hinzurechnen, und die Geschwindigkeiten nach dem gegenseitigen minder als dreifachen Werthe der Größe $B + \frac{1}{2} P$ in jedem Versuche berechnen, so wird die Tabelle Folgendes ergeben:

Versuch.	Gewicht der Kugel und der Hälfte Pulver. $B + \frac{1}{2}P =$	Geschwindigkeit der Kugel. Wirkliche.	Berechnete.	Fehler der Lehre.
92.	2352 + $72\frac{1}{2}$	812	812	— —
91.	1754 + $72\frac{1}{2}$	893	892	— 1
90.	1184 + $72\frac{1}{2}$	1017	1011	— 6
89.	603 + $72\frac{1}{2}$	1224	1243	+ 19
88.	600 + $72\frac{1}{2}$	1240	1245	+ 5
87.	354 + $72\frac{1}{2}$	1288	1449	+ 161
86.	251 + $72\frac{1}{2}$	1430	1589	+ 159
85.	90 + $72\frac{1}{2}$	2109	1999	— 110

Die Übereinstimmung der wirklichen und berechneten Geschwindigkeiten ist hier merkwürdig, vorzüglich in den fünf ersten Versuchen, welche sicher die zuverlässigsten sind.

Hierdurch sind wir nun im Stande, die Art der krummen Linien m n und g f, in der 16. Fig., zu bestimmen. Denn indem B (das Gewicht der Kugel) sich so verhält als die Länge, welche in den verschiedenen Versuchen von A nach B genommen worden ist; und ferner die Geschwindigkeiten sich so verhalten als die Linien, welche senkrecht zu der Linie A B, aus den Punkten, wo diese Längen endigen, gezogen sind, wie z. B. w u u. s. w. an der krummen Linie m n enden; und wir $a = \frac{1}{2}P$, $x = B$, und $y = wu$ annehmen: so wird das Verhältniß von x und y durch folgende Gleichung $\frac{1}{\sqrt{a + x^3}} = y$ sich ausgedrückt finden. Und wenn nun noch durch z die Linie w r bezeichnet wird, und durch b der Rücklauf, falls die gegebene Ladung mit irgend einer Kugel abgefeuert worden ist: so wird $\frac{x}{\sqrt{a + x^3}} + b = z$ in der krummen Linie g f sein, indem x die Abscisse, und z die entsprechende Ordinate der krummen Linie sind. In dem 92. Versuche war das Gewicht des Pulvers (= a), welches $72\frac{1}{2}$ Gran wog; das Gewicht der Kugel betrug 2352 Gran (= x), der Rücklauf (= z) war 32,25 Zoll, und mit der gegebenen Ladung ohne Kugel war der Rücklauf (= b) gleich 4,4 Zoll.

Wenn nun von diesen Daten und dem bekannten Gewichte der Kugeln in jedem der andern Versuche in dieser Reihe der Rücklauf mittelst des Lehrsatzes $\frac{x}{\sqrt{a + x^3}} + b = z$ berechnet werden sollte, so würde sich ergeben, inwiefern diese Versuche mit den Lehrsätzen übereinstimmen; nämlich:

Versuch.	Gewicht der Kugel.	Rücklauf Wirklicher.	Rücklauf Berechneter.	Unterschied.
92.	2352	32,25	32,25	— —
91.	1754	27,18	27,22	+ 0,04
90.	1184	21,92	21,85	— 0,07
89.	603	15,13	15,33	+ 0,2
88.	600	15,22	15,29	+ 0,07
87.	354	11,03	11,87	+ 0,84
86.	251	9,62	10,21	+ 0,59
85.	90	7,16	7,02	— 0,14
84. u. 93.	0	4,4	4,4	— —

Hier ist die Uebereinstimmung der wirklichen und berechneten Rückläufe eben so auffallend, als der der berechneten und wirklichen Geschwindigkeiten in der vorhergehenden Tafel.

Die 17. Figur zeigt übersichtlich die Ergebnisse aller dieser Versuche.

Die Zahlen auf der Linie A B (sowie in der 16. Fig.) stellen die Gewichte der Kugeln vor, während die von diesen Zahlen zu A B auf jeder Seite senkrecht gezogenen und an den Biegungen m n endenden Linien so sind wie die Geschwindigkeiten der Kugel in den verschiedenen Versuchen, indem die Linie A B die Axe der krummen Linien ist; die Längen aber von A zu den verschiedenen Zahlen gegen B (= x) die Abscissen; die Senkrechten (= y) die entsprechen den Ordinaten bilden. Die Ordinaten zu der krummen Linie h n verhalten sich wie die Geschwindigkeiten, welche durch den Lehrsatz $\frac{1}{\sqrt{a + x^3}} = y$

berechnet worden, sowie die Ordinaten zu der krummen Linie p n (welches die logarithmische Krummlinie, sowie $\frac{1}{\sqrt{x}} = y$ ist) die Geschwindigkeiten nach Robins anzeigen.

Die Beugungslinie g f ist aus dem Lehrsatze $\frac{x}{\sqrt{a + x^3}} + b = z$ entstanden, und der wirkliche Rücklauf ist auf den zu dieser Beugungslinie gehörigen Ordinaten mit großen runden Punkten angezeichnet, welche in allen Versuchen (den 86. und 87. ausgenommen) ziemlich nahe mit der Beugungslinie zusammentreffen.

In der 18. Fig. bedeuten die Zahlen auf der Linie AB, von A an gezogen, die verschiedenen im Laufe der Versuche angewandten Pulverladungen, während die zu c d gehörigen Ordinaten die Geschwindigkeiten der Kugeln mit dem Zündloche bei O ausdrücken. Die von der Linie AB senkrecht nach e f gezogenen Linien stellen den Rücklauf mit den verschiedenen Pulverladungen und einer Bleikugel vor; derjenige Theil aber von den Linien, welcher zwischen der Linie AB und der Linie g h einbegriffen ist, bezeichnet den Rücklauf, wenn die Pulverladung ohne Kugel abgefeuert ward. Indem ich nun durch Versuche die Verhältnisse der Kugelgeschwindigkeiten zu ihrem Gewichte gezeigt habe, wobei man aber bemüht gewesen, das Entströmen des elastischen Dampfes durch das Zündloch und die Windungen auf das Sorgfältigste zu verhindern, will ich es Mathematikern überlassen, aus diesen angeführten Ergebnissen die Eigenschaften dieses Dampfes (oder das Verhältniß seiner Springfähigkeit zu dessen Dichtigkeit) zu bestimmen. Bevor ich diesen Gegenstand verlasse, will ich nur noch bemerken, daß Robins sich nicht allein in den Grundlehren über das Verhältniß des elastischen, vom Pulver erzeugten Dampfes zu dessen Dichtigkeit irrt, oder vielmehr in Ansehung des Gesetzes, nach welchem solcher auf die Kugel in dem Augenblicke wirkt, als er sich im Rohre ausbreitet; sondern auch sogar seine Bestimmungen über die Kraft des Schießpulvers sind, seinen eigenen Lehrsätzen zufolge, fehlerhaft, denn er behauptet, dessen Stärke sei 1000 mal größer als der mittlere Druck der Atmosphäre, obgleich aus dem 92. Versuche hervorgeht, daß dessen Kraft mindestens 1308 mal größer als der mittlere Druck der Atmosphäre ist, wovon sich jeder überzeugen kann, der die Berechnung anstellen will.

Versuch, die Spring- oder Schnellkraft des Schlaggoldes zu messen, oder Vergleichung über dessen Kraftverhältniß zum Schießpulver.

Nachdem ich mich mit einer kleinen Gabe dieses außerordentlichen Pulvers (Schlaggold), auf dessen Güte ich bauen konnte, versehen hatte, so versuchte ich dessen Schwingkraft zu erproben, indem ich eine Kugel mittelst desselben abschoß und deren Geschwindigkeit nach dem Pendel zu erforschen suchte, weil ich aus dem ungeheuren Knalle, womit diese Materie aufspringt, schloß, daß dessen Kraft bei weitem mehr ausdehnend sein müsse als diejenige des Schießpulvers, weshalb ich auch einen Lauf von ungewöhnlicher Stärke anwendete. Dessen Länge (die Bohrlänge) betrug 13,25 Zoll, der Durchmesser der Bohrweite aber 0,55 eines Zolles, und das Gewicht 7 Pfund 2 Unzen. Er war vom besten Eisen und von Wogdon mit der größten Genauigkeit angefertigt.

Dieser Lauf wurde mit einem Sechzehntheil einer Unze = 27,34 Gran des Knallgoldes, und zwei Bleikugeln geladen, welche Ladung zusammen mit dem Leder, in welches letztere gewickelt waren, um sie in den nicht gezogenen Lauf genau einzupassen, ein Gewicht von 427 Gran betrug.

Der Lauf wurde über eine Pfanne mit glühenden Kohlen, und zwar in der Entfernung von 10 Fuß von dem Pendel, gelegt und gegen den Mittelpunkt der Scheibe auf dem Pendel gerichtet.

Nachdem ich den Lauf hinlänglich befestigt hatte, um dessen Lage unverrückt zu erhalten, zog ich mich auf eine kleine Entfernung zurück, um möglicher Gefahr vorzubeugen, und erwartete gespannt den Erfolg. Nach Verlauf einiger Minuten, während ich fast an dem Erfolge des Versuches zweifelte, brannte das Pulver ab, aber mit weit geringerem Knalle, als ich erwartet hatte, wenig stärker als bei einer gut geladenen Windbüchse; ich glaubte daher nicht eher, daß die Kugel wirklich ausgetrieben sei, als bis ich den Pendel sich bewegen sahe.

Die Untersuchung ergab nun, daß in dem Laufe nichts zurückgeblieben war, und die Menge umhergestreuter kleiner Theilchen des wiederhergestellten Metalls gab mir alle Ursache, zu glauben, daß alles Pulver aufgeflogen sei.

Die Kugeln trafen den Pendel beinahe im Mittelpunkte des Schildes und staken beide im Holze; ich fand sofort, daß solche mit der Geschwindigkeit von 428 Fuß in der Secunde dagegen eingeschlagen hatten.

Wenn wir nun annehmen, daß die Kraft des Schlaggoldes aus elastischen Dämpfen entsteht, welche sich im Augenblicke seines Aufspringens entwickeln [1]), und daß die Springkraft dieser Luft, oder vielmehr die Kraft, welche sie bei ihrer Ausdehnung auf die Kugel ausübt, immer so groß als ihre Dichtigkeit (oder umgekehrt, als der Raum, welchen sie einnimmt) ist: so läßt sich die Stärke dieser dehnbaren Luftart in dem Augenblicke ihrer Entstehung bestimmen, und zwar von dem bekannten Maße des Laufes, der Länge des Raumes, welchen die Ladung einnimmt (welcher bei diesem Versuche 0,47 eines Zolles einnahm), und aus dem Gewicht und der Geschwindigkeit der Kugeln; und so habe ich, nach diesen Grundsätzen rechnend, gefunden, daß dessen Kraft die Mittelspringkraft gemeiner Luft um 307 mal übertrifft.

Nach Robins's Lehre ist die Dehnkraft des aus Schießpulver erzeugten Gases 1000 mal größer als der mittlere Druck der Atmosphäre. Daher scheint die Kraft des Knallgoldes gegen jene des Schießpulvers wie 307 zu 1000, oder näher wie 4 zu 13, zu sein.

Von der eigenthümlichen Kraft des Schießpulvers.

Um die eigenthümliche Kraft des Schießpulvers zu ergründen, bin ich folgendergestalt verfahren: Ein weiter gläserner Eimer mit enger Mündung wurde an den einen Arm einer genauen Wage angehangen und mittelst Gewichte balancirt.

[1]) Hier hat der verehrungswürdige Verfasser die Wirkung mit der Ursache verwechselt, denn das Knallen oder Aufspringen entwickelt nicht die Dämpfe, sondern das Verbrennen der Materie, und aus diesem Verbrennen folgt erst das Aufplatzen durch gewaltsame Ausdehnung 2c.

Der Glaseimer wurde zuerst mit dem gewöhnlichen Dienstpulver ganz leicht angefüllt, dann mit demselben, aber gut zusammengerüttelten Pulver, endlich mit Pulver und Wasser zusammen, und zuletzt mit Wasser allein. In jedem dieser Fälle wurde der Inhalt des Eimers ganz genau abgewogen.

Die eigenthümliche Schwere des Schießpulvers, nach diesen Versuchen festgestellt, ist folgende:

Eigenthümliche Schwere des Regenwassers	1,000
Dienstpulver in Häufchen liegend, mit Luft vermengt .	0,836
Dienstpulver, gut zusammengerüttelt	0,937
Die feste Masse des Pulvers	1,745

Aus diesem geht hervor, daß ein Kubikzoll Dienstpulver, gut zusammengerüttelt, gerade 243 Gran, ein Kubikzoll fester Masse dieses Pulvers aber 422 Gran wiegt, und daß daher die Zwischenräume zwischen den Pulverkörnern, sowie es zum Gebrauche gekörnt wird, beinahe so groß sind als der Raum selbst, welchen die Körner einnehmen.

Mißlungene Versuche, um die Kraft des Schießpulvers zu verstärken.

Mehre haben gemeint, daß die Kraft der Dämpfe durchaus größer als die des Schießpulvers sein müsse, und daß daher, wenn eine gewisse Menge Wasser, in die Kammer eines Geschützes eingeengt, mit einem Male zu Dampf aufgekocht werden könnte, eine Kugel dadurch mit wunderbarer Schnelle ausgetrieben werden würde.

Es wurden mehrere Versuche gemacht, um Kugeln in dieser Art abzuschießen, aber stets erfolglos; in jedem Falle aber bleibt es unwahrscheinlich, daß Wasser jemals die Stelle von Schießpulver für militairische Zwecke vertreten könne.

Die größte Schwierigkeit hierbei besteht darin, ein Mittel aufzufinden, wie das Wasser plötzlich verflüchtigt und in elastischen Dampf verwandelt werden könne.

Ich verfiel darauf, dies durch Hülfe des Schießpulvers selbst zu bewirken, und zwar dergestalt, daß man eine geringe Menge Wasser in eine ganz leichte Hülle einschlösse und mit Schießpulver rings umher umgäbe, darauf aber die Ladung entzündete. Ich suchte das auf folgende Art zu bewerkstelligen: Ich verschaffte mir eine Menge Schwimmblasen kleiner Fische, in welche ich verschiedene Wasserportionen, und zwar von der Größe einer kleinen Erbse bis zu der einer kleinen Pistolenkugel, goß; sodann verband ich solche mit feinen Fäden auf das genaueste und hing diese kleinen Globen in die offene Luft, bis sie an der Außenseite ganz trocken wurden.

Sodann wurde eine Anzahl von Patronen aus feinem Papier verfertigt und mit so viel Pulver gefüllt, als für eine gemeine Reiterpistole erfodert wird.

Eine solche Pistole ward nun mit einer dazu passenden Kugel geladen, auf die Erde hingelegt und gegen eine eichene Planke gerichtet, welche ungefähr in der Entfernung von 6 Fuß von der Mündung sich befand.

Ich schoß dieselbe mittelst eines Zuges ab und beobachtete sorgfältig sowol den Rücklauf als das Eindringen der Kugel. Sodann nahm ich verschiedene von den übrig gebliebenen gefüllten Hülsen und entleerte solche von einem Theile ihres Pulvers, steckte eine, auch mehrere von den mit Wasser gefüllten kleinen Blasen in die Mitte der Hülse und schüttete sodann den eben herausgenommenen Theil der Pulverladung wieder hinein, sodaß das Wasser sich vom Pulver rund umgeben befand.

Mit solcher Ladung nun und einer dazu passenden Kugel wurde die Pistole ferner geladen, wie zuvor an den Boden gelegt und mittelst eines Zuges abgefeuert.

Das Zurückprallen der Pistole und das Eindringen der Kugel wurde beobachtet, und es ergab sich stets, daß die Stärke der Ladung durch das Hinzufügen der Wasserblasen merklich verringert sei; je größer die Zuthat des also eingeschlossenen Wassers war, desto geringer war die Wirkung der Ladung, denn sowol das Zurückprallen der Pistole und das Eindringen der Kugel zeigten sich schwächer, als wenn die nämliche Menge Pulver ohne Wasser abgefeuert ward, neben unverkennbarer Verringerung des Knalles.

In der Voraussetzung, daß die Verminderung der Stärke der Ladung durch das Platzen der kleinen Blasen und das Eindringen des darin enthaltenen Wassers in das Pulver, bevor solches sich ganz entzündet hatte, entstanden sei, wodurch natürlich ein Theil desselben verhindert worden wäre, Feuer zu fangen, wiederholte ich diese Versuche mit rectificirtem Weingeiste statt des Wassers.

Das Ergebniß glich aber fast dem vorigen. Die Wirkung der Ladung zeigte sich stets bedeutend verringert. Nachmals wandte ich ätherisches Terpentinöl an, und endlich kleine Gaben Quecksilber, ohne jedoch besseren Erfolg zu gewinnen. Jede Beimischung diente nur dazu, die Kraft des Pulvers zu verringern. — Alle diese Versuche waren einige Monate vorher gemacht, ehe ich die zuvor beschriebenen mit dem Schießpulver begann, und obgleich solche sich erfolglos gezeigt hatten, erneuerte ich dennoch die Untersuchung bei dieser Veranlassung und machte verschiedene neue Proben in der oben angegebenen Absicht.

Ich hatte zwar bereits das Quecksilber in meinen früheren Versuchen erfolglos angewandt, allein ich glaubte, daß das Mißlingen daher entstanden sein möchte, weil zu viel Quecksilber auf einem Punkte befindlich gewesen, und dadurch das Feuer in seiner Hauptwirkung verhindert worden sein könnte; daß daher, wenn es möglich wäre, das Quecksilber in außerordentlich kleine Theile zu scheiden und so einzurichten, daß jedes solches Theilchen vom Pulver völlig eingeschlossen und der vollen Wirkung der Flamme desselben ausgesetzt wäre, solches schnell sich erhitzen und in elastischen Dampf verwandeln würde, bevor noch die Kugel nur um ein Geringes ihren Platz verlassen könne.

Um mich dessen zu vergewissern, mischte ich 20 Gran mineralischen Todtenkopf ganz innig mit 145 Gran Schießpulver. Mit dieser Ladung wurde der Lauf versorgt, mit einer hierzu passenden Kugel versehen und abgeschossen. Doch auch hier war die Kraftäußerung geringer als jene, welche das Pulver allein hervorgebracht haben würde, wie die Vergleichung des 76. und 77. Versuches mit dem 79. ergibt.

Gewöhnliches Knallpulver wird aus 1 Theil Schwefel, 2 Theilen Weinsteinsalz und 3 Theilen Salpeter verfertigt, und wenn wir nach dem Schalle oder dem Knalle der Entladung urtheilen wollen, so ist die Springkraft dieser Mischung größer als jene des Schießpulvers. Um daher die Wirkung zu erfahren, welche Weinsteinsalz mit Pulver hervorbringen würde, verschaffte ich mir solches

Salz in seinem reinsten Zustande, überaus trocken und aufs feinste gepülvert, und vermischte 20 Gran von demselben mit 145 Gran Schießpulver; nachdem aber die Kugel durch diese Mischung abgeschossen ward, fand ich, daß das Weinsteinsalz die Kraft des Schießpulvers ebenfalls verringert hatte. Man sehe den 78. Versuch.

Hierauf nahm ich Salmiaksalz. Man hat gefunden, daß dieses Salz eine ungeheure Menge Gas oder elastischer Dämpfe erzeuge, wenn es unter gewissen Umständen der Hitze ausgesetzt wird. Allein 20 Gran von diesem Salze, mit einer Ladung von Schießpulver vermengt, verminderten die Kraft desselben augenscheinlich. Man sehe den Versuch 80.

Fast alle Metalle in flüssiger Auflösung entwickeln bedeutende Dämpfe, vorzüglich aber Kupfer in Salpetersäure aufgelöst. Um nun zu erfahren, ob solche Auflösung mittelst der Schießpulverflamme oder dessen sauren Dämpfe erfolgen könnte, vermengte ich 20 Gran Kupferstaub (aus den feinsten Theilchen, die vom Rade abfliegen, wenn Nadeln geschärft werden) mit 145 Gran Schießpulver, ladete mit dieser Mischung mein Rohr und feuerte es ab. Aber der 81. Versuch zeigt, daß die Kraft des Pulvers durch die Zuthat des Kupferstaubes nur geschwächt worden sei. Es scheint jedoch, daß weder Kupferstaub noch mineralischer Todtenkopf für sich selbst fähig sein, in einem bedeutenden Grade die Kraft des Schießpulvers in anderer Art zu verringern, als indem sie die Räume zwischen den Pulverkörnern ausfüllen und auf solche Weise den Durchzug der Flamme und das Umsichgreifen der Entzündung verhindern.

Es kann daher nicht Sorgfalt genug bei Verfertigung des Pulvers empfohlen werden, um es rein von allen fremdartigen Beimischungen zu erhalten.

Versuche, statt der Kugeln Flammen zu schießen.

Da ich oftmals bemerkt hatte, daß Papier und andere leichte Körper sowol aus großen Geschützen als kleinen Feuerwaffen ganz entzündet herausführen: so verfiel ich darauf, zu versuchen, ob nicht andere brennbare Körper gleichergestalt entzündet werden könnten, vorzüglich aber brennbare Flüssigkeiten.

Ich vermuthete, daß, falls dies erreicht werden könne, es auch möglich sein dürfte, solche brennende Körper durch Explosionskraft fortzutreiben und somit andere in bedeutender Entfernung liegende Körper anzuzünden, allein der Versuch mißglückte gänzlich, indem es nie gelang, trockenes Werch in der Entfernung von 5 Yards = 15 Fuß von der Mündung meines Rohres zu entzünden. Auch schoß ich wiederholentlich große Vorladungen von Werch und Papier, in die allerentzündbarsten Flüssigkeiten, als Alkohol, Terpentinäther, Schwefelbalsam getaucht, ohne je eine davon in Brand zu stecken.

Mehrmals schoß ich drei oder vier Löffel voll von entzündbaren Flüssigkeiten ab, indem ich eine dünne Vorladung von Kork sowol über das Pulver, als eine zweite über die Flüssigkeit anbrachte, aber immer mit nicht besserem Erfolge. Die Flüssigkeit ward gegen die Mauer fortgetrieben und hinterließ Flecke, wohin sie traf, ohne daß sie sich jemals entzündet hätte.

Berichtigungen.

Seite 5 Zeile 8 von unten lies An statt In
— 6 — 2 v. u. l. die Stange st. der Balken
— 13 — 6 v. o. l. Scheiben oder Schilder st. die Schildzapfen
— — — 14 v. o. l. Schwerpunkt st. Aufhängependel
— 16 — 2 v. o. l. den Spielraum st. die Windungen
— — — 3 v. o. l. gewickelt st. geschlagen
— — — 13 v. u. l. Feuerstrahl st. Blitz
— — — 15 v. u. l. 13,2 st. 23,2
— 18 — 5 v. u. in der Rubrik Sehne des Bogens l. 23,56 st. 23,26
— — — 2 v. u. in der Rubrik Zündloch l. 0
— 22 lies in der Rubrik Bemerkungen in der obersten Linie „alle Schüsse ohne Kugel"
— 26 Zeile 4 v. o. l. nach werden „dann wird v seyn = d. Geschwindigkeit d. Kugel im engl. Fuß"
— 33 — 4 v. u. l. Reibung st. Zerreibung
— — — 14 v. u. l. federartig st. spröde
— — — 17 v. u. l. harte elastische st. schwingungsfähige
— 34 — 6 v. o. l. nicht springfähige st. springfähige
— 37 — 5 v. o. l. verminderten st. entsprechenden
— — — 8 v. o. l. angesetzt st. eingerammt
— — — 19 und Folge l. die Geschwindigkeiten beinahe wie die Quadratwurzeln aus dem Gewichte der Ladung verhalten
— 39 — 8 v. o. l. gleicher st. leichter
— — — 10 v. o. l. sich ziemlich nahe wie die Quadratwurzel aus den Ladungen verhalten
— 45 — 12 v. u. l. des Pulvergases st. des Dampfes
— 48 — 9 v. o. l. diesem st. solchem
— 57 — 12 v. u. l. stets st. kaum
— — — 11 v. u. l. als 2 und 4 Fuß
— — — 8 v. u. l. Entfernung v. dem Rohre
— — — 2 v. u. l. nach worden „so daß die Geschwindigkeiten bedeutend zu klein ausfallen, wie ꝛc."

Seite 62 Zeile 4 v. u. l. und wenig Spielraum haben st. damit solche keinen Wendegang nehmen

— 65 — 2 u. 3. v. o. l. wie die Quadratwurzeln sich verhalten st. unter dem Doppelwerthe stehen

— 67 — 5 v. o. l. Spielraum st. Windungen

— — — 3 v. u. l. den Spielraum st. die Windungen

— — — 2 v. u. l. unbedeutend st. gleichmäßig

— 68 — 8 v. o. l. weder durch das Zündloch noch Spielraum

— — — 7 v. u. l. nach Kugeln „wie solche im 85. Experiment durch den Rücklauf erhalten und durch das umgekehrte Verhältniß der Quadratwurzel aus dem Gewicht der Kugeln von jedem der andern Experimente bestimmt worden", dagegen ist zu streichen „sowohl als auch durch den Rücklauf"

— 71 — 15 v. o. nach trat l. „Nehmen wir, was die Elasticität d. Pulvergases betrifft, Robins Meinung an und setzen, außer beim 92. Versuche, daß nur ein Theil der Pulverladung sich in Gas verwandelt hätte, ehe die Kugel in Bewegung kam, so können wir auf diese Voraussetzung bestimmen, wieviel Pulver sich bei jedem Versuch entzündet; denn die Menge des Pulvers in diesem Falle würde seyn wie die Gesammtkraft des Drucks.

— 72 — 16 v u. l. schwerern st. schweren

— — — 15 v. u. l. den Spielraum st. die Windungen

— 74 — 16 v. u. l. Spielraum st. Windungen

— 75 — 4 v. u. l. als der gegenseitige Werth der Quadratwurzel

— — — 2 v. u. l. zu d. wechselseitigen cubischen Wurzelwerthe

— 76 oben, unter dem 1sten berechnet l. im umgekehrten Verhältnisse wie die aus dem Gewicht der Kugeln st. gegenseitiger minder als zweifacher Werth

— — oben unter dem 2ten berechnet l. im umgekehrten Verhältniß wie die 3 aus dem Gewicht der Kugel st. gegenseitiger minder als dreifacher Werth

— 77 Zeile 1 v. o. l. Cubikwurzel st. minder als dreifachen

— — — 5 v. u. l. ohne st. mit irgend einer

— — — 2 v. u. l. vor Gewicht „halbe"

— 79 — 14 v. u. l. Spielraum st. Windungen

— 81 — 4 u. 5 v. u. l. beidemal Schwere st. Kraft.

Fig

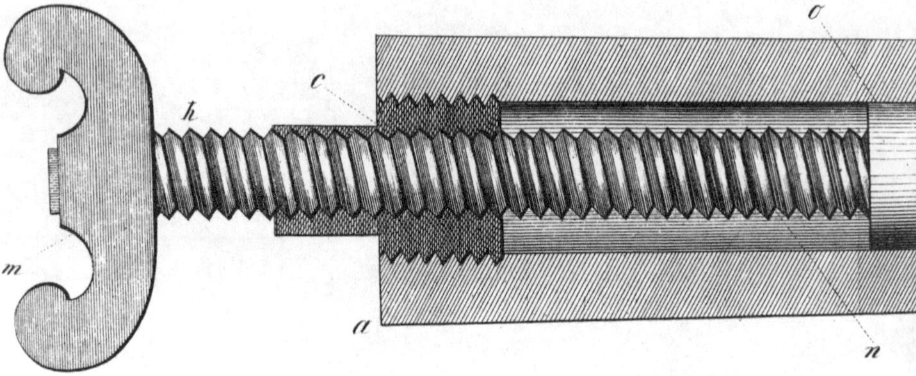

Fig. 2

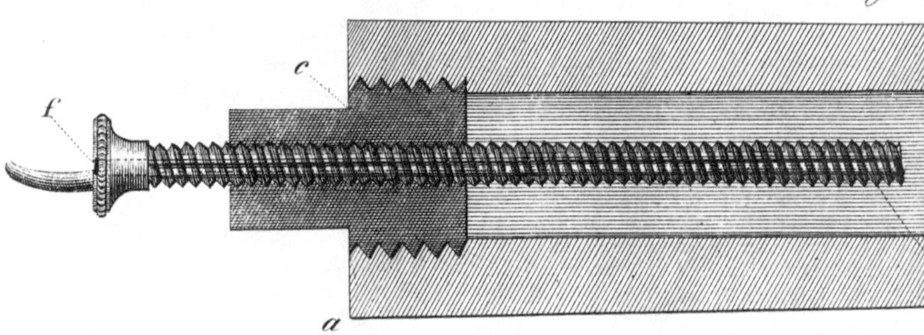

Fig. 3.

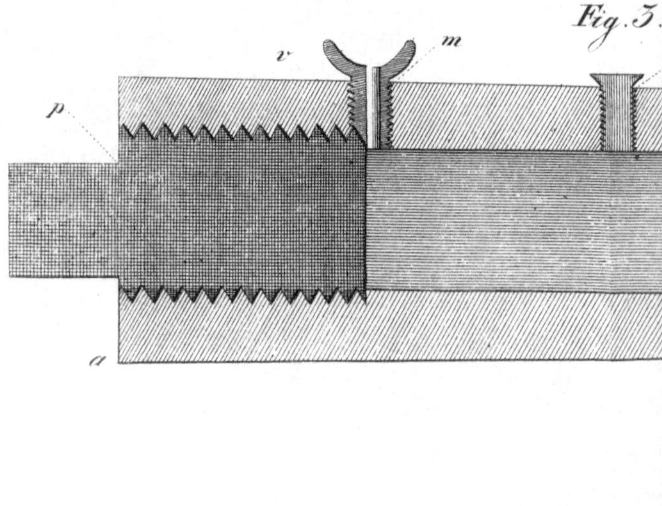

I.

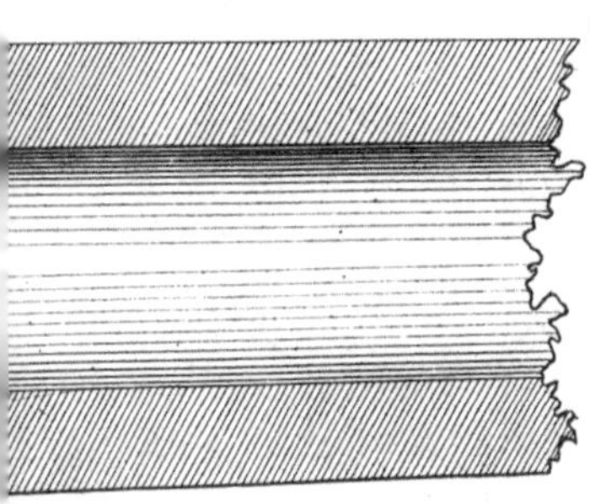

Fig. 4.

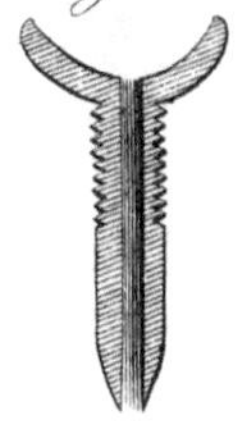

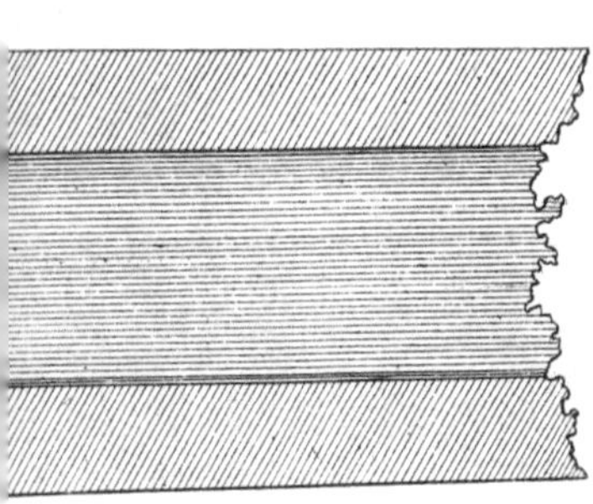

Fig. 5.

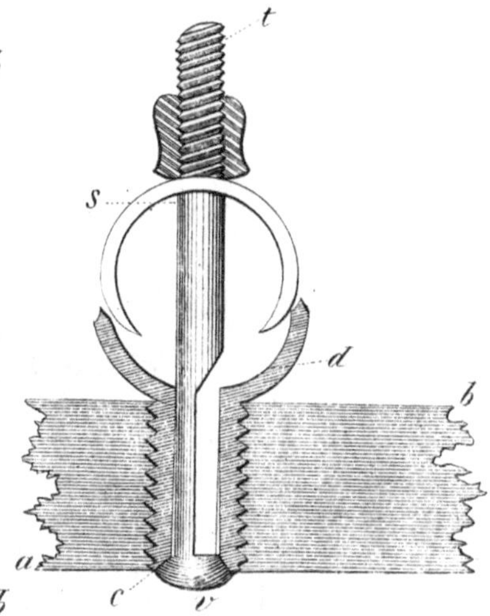

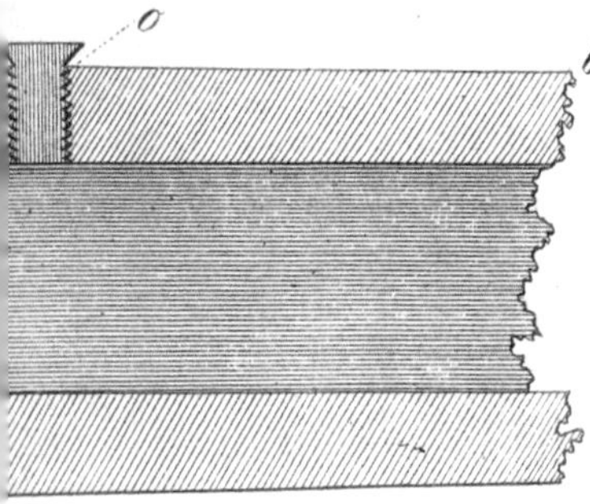

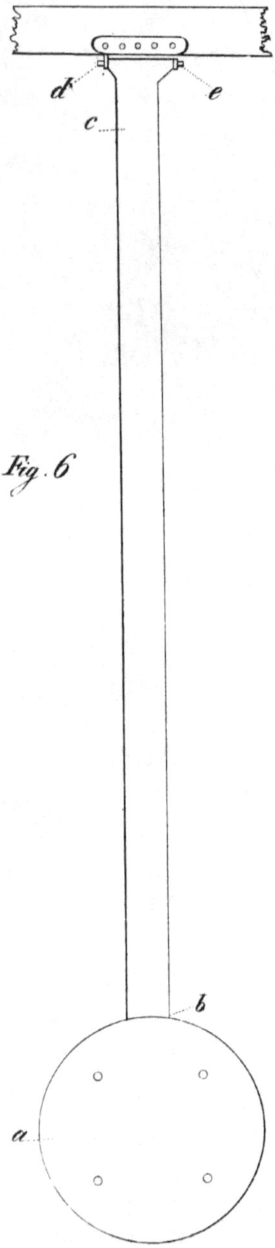

Fig. 6

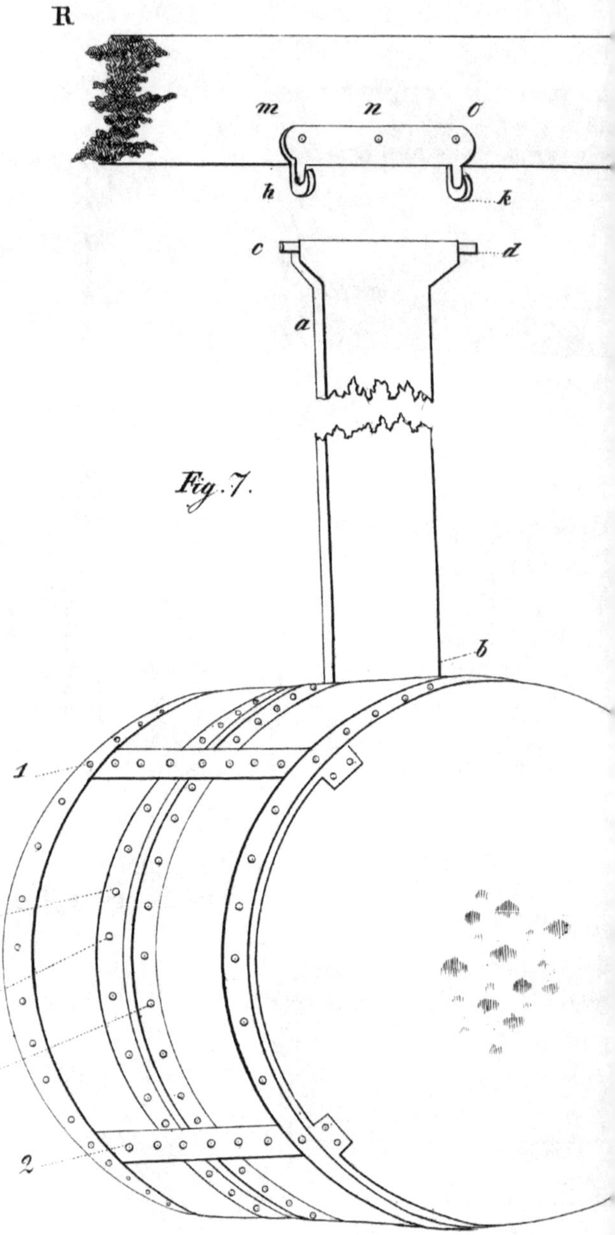

Fig. 7.

II.

Fig. 8.

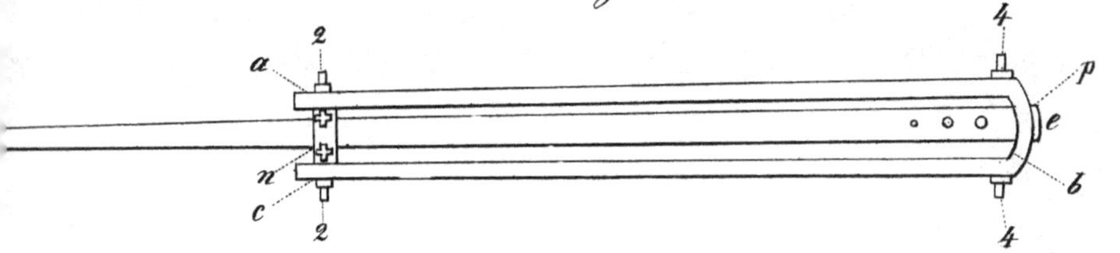

Fig. 9

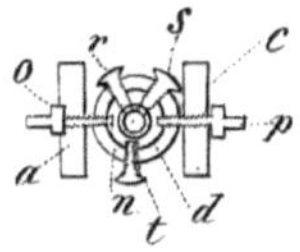

Fig. 10.

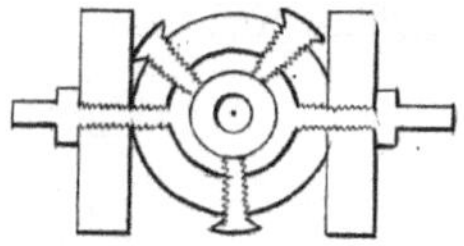

Fig. 12.

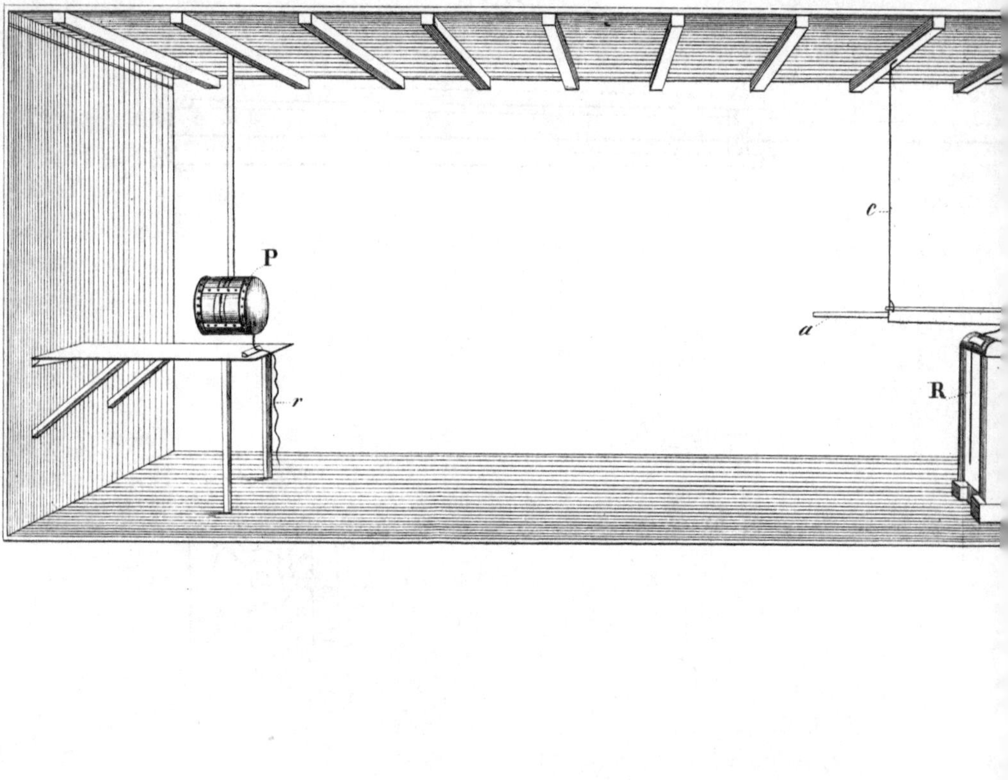

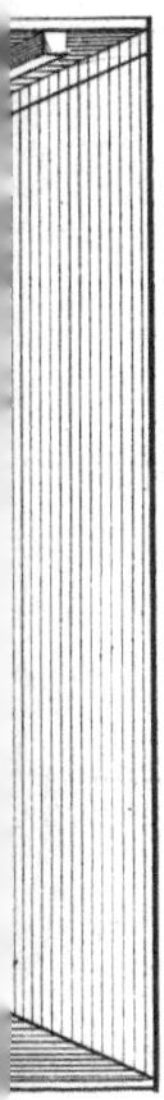

Fig. 11.

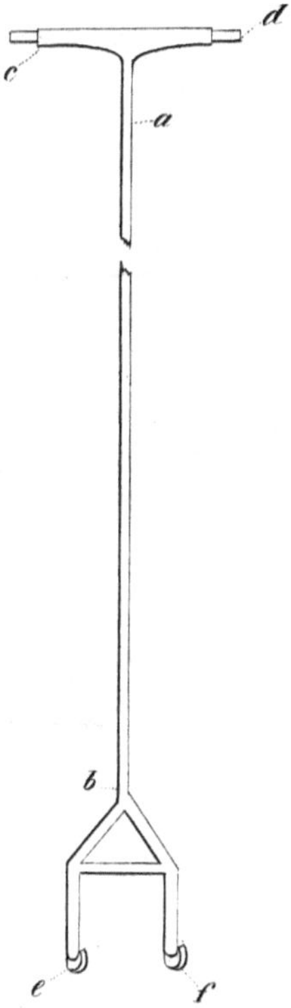

Fig. 13.

Fig. 15.

Fig. 14.

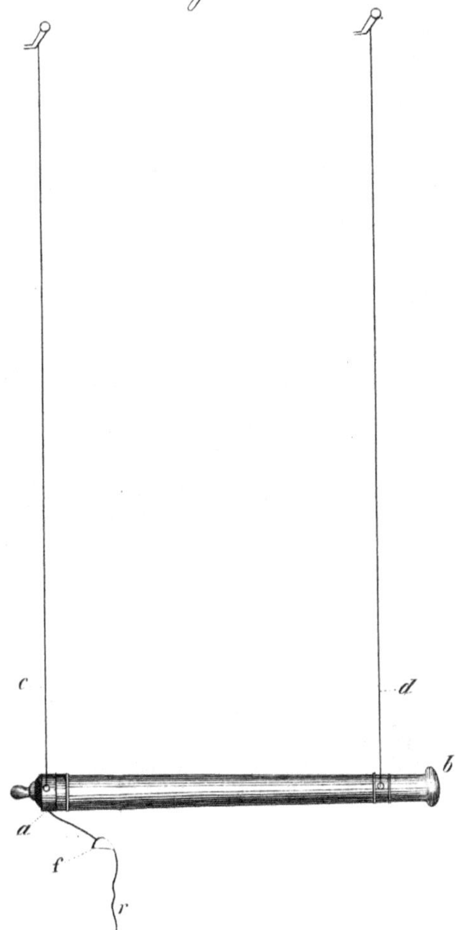

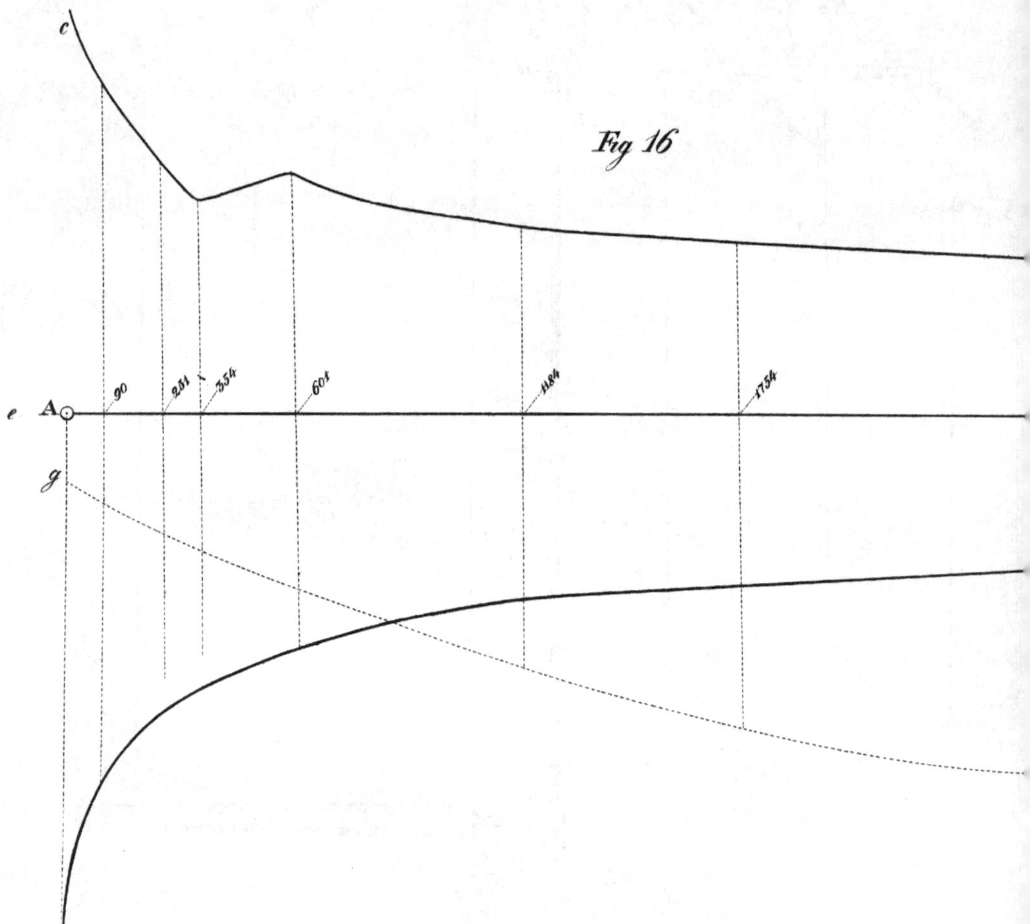

Fig 16

IV.

Fig. 17.

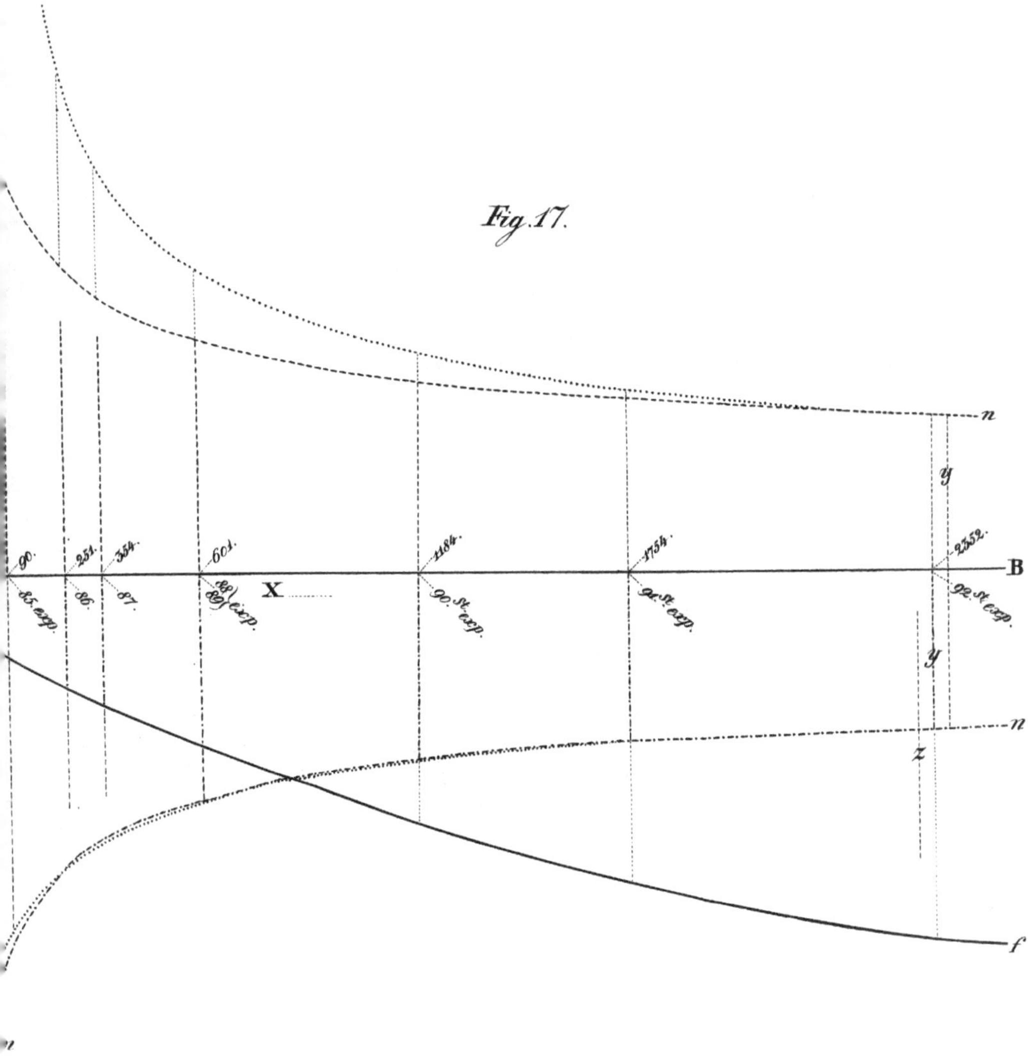

n
y
90.
251.
354.
601.
1184.
1754.
2552.
B
85. exp.
86.
87.
88
89 exp.
X
90. St. exp.
91. St. exp.
92. St. exp.
y
n
z
f

FSC
www.fsc.org
MIX
Papier | Fördert
gute Waldnutzung
FSC® C083411

Zeitfracht Medien GmbH
Ferdinand-Jühlke-Straße 7
99095 Erfurt, Deutschland
produktsicherheit@kolibri360.de